Vorwort

Nach dem großen Erfolg des „Farbatlas Zierpflanzen", der 600 Pflanzen aus den Bereichen Zimmerpflanzen, Ein- und Zweijährige, Stauden und Gehölze in Wort und Bild beschrieben hat, wurde dem Wunsch vieler Leser entsprochen, diese Bereiche zu trennen und jeweils in erweiterter Form in einem eigenen Band zu veröffentlichen.

Jeder Einzelband umfasst 250 bis 350 Pflanzen, die für die gärtnerische Verwendung von besonderer Bedeutung sind. Auch hier wird wieder jede Gattung und Art mit einem Farbbild vorgestellt und stichwortartig beschrieben. Informiert wird über Herkunft, wichtigste botani- [illegible] ge [illegible] ür [illegible] is- tik gedacht. Deshalb ist besonderen Wert auf die wissenschaftliche Nomenklatur und Familienzugehörigkeit gelegt worden, wobei auf die Angabe der Autoren verzichtet wurde.

Recht herzlich danken möchte ich Herrn Roland Ulmer und seinen Mitarbeitern. Darunter sei Frau Hermine Tasche besonders erwähnt, die mir immer mit Rat und Tat zur Seite stand.

Nürtingen, im Juni 2001

Einführung

Die Pflanzen sind wie üblich in alphabetischer Reihenfolge der wissenschaftlichen Bezeichnungen nach Gattung und Art geordnet. Daneben sind die gebräuchlichen deutschen Namen sowie die Familienzugehörigkeit aufgeführt. Die wichtigsten Merkmale und Eigenschaften werden zudem übersichtlich mit Symbolen dargestellt.

Systematische Übersicht

Die wissenschaftliche Benennung der Pflanzen mit Gattungs- und Artname, die so genannte binäre Nomenklatur, geht auf den schwedischen Naturforscher Carl von Linné zurück, der im Jahre 1753 sein wichtigstes Werk über die Klasssifizierung des Pflanzenreiches veröffentlichte. Seine Arbeiten sind heute noch wichtige Grundlage der Systematik.

Demnach wird das Pflanzenreich in 17 Abteilungen gegliedert. In diesem Band sind davon nur Pflanzen aus folgenden gärtnerisch wichtigen Abteilungen aufgeführt:

16. Abteilung: *Gymnospermae*, Nacktsamer (dazu zählen die Koniferen).

17. Abteilung: *Angiospermae*, Bedecktsamer.

Jede Abteilung ist weiterhin gegliedert in Klassen, Ordnungen und Familien. Innerhalb der Familie erfolgt die Gliederung nach Gattungen, Arten, Unterarten und Sorten, wobei die Sorten durch Züchtung oder Auslese in der Kultur entstanden sind. Die Sortennamen werden in einfache Anführungszeichen gesetzt, z.B. 'Dania'.

Weitere in diesem Buch verwendete Abkürzungen und Zeichen:

subsp: *Subspecies* = Unterart mit von der Art abweichenden Merkmalen

var.: *Varietät* = Varietät mit abweichenden Merkmalen

Syn: *Synonym* = überholter Nebenname

×: Kreuzung zweier naher verwandter Gattungen oder Arten.

Ein Überblick

Einjährige Sommerblumen stammen meist aus warmen Gegenden, wo sie teilweise auch ausdauernd wachsen können. In gemäßigten Klimabereichen entfalten sie in den Sommermonaten ihre ganze Pracht, sterben aber bei den ersten Frösten im Herbst ab. Sie müssen jedes Jahr neu ausgesät werden.

In der Regel werden sie im Vorfrühling ausgesät, wegen der Frostgefahr meist unter Glas, nach dem Keimen pikiert und einige Wochen später getopft. Anfang bis Mitte Mai sollten sie verkaufsfertig sein. Nach den Eisheiligen (Mitte Mai) dürfen sie ins Freie, wo sie auf Beeten, Gräbern und in Gefäßen während des ganzen Sommers blühen. Je nach Wuchstyp eignen sie sich hervorragend als Schnittblumen oder Farbgeber für Beet und Balkon. Die meisten Gattungen und Arten sind Sonnenliebhaber und für kräftige Wasser- und Nährstoffgaben während des Sommers dankbar.

Zweijahresblumen stammen meist aus gemäßigten Zonen. Sie werden im Sommer ausgesät und noch im gleichen Jahr entwickeln sie eine kräftige Blattrosette. Im Folgejahr erscheint dann der Blütenstand. Nach der Samenreife stirbt die Pflanze ab, nur wenige treiben nach einem kräftigen Rückschnitt wieder aus und blühen im nächsten Jahr erneut.

Sie eignen sich besonders gut für Beete und Rabatten, weil sie den ganzen Frühling über blühen. In öffentlichen Anlagen werden sie meist mit Blumenzwiebeln kombiniert, beide werden im Herbst gleichzeitig gepflanzt. Im Anschluss daran setzen dann die Einjahresblumen die Blütenpracht im Sommer fort. Sie werden spätestens Anfang Juni gepflanzt.

Viele kurzlebige Arten eignen sich auch als **Trockenblumen**. Diese werden bei Vollblüte oder Fruchtreife geschnitten und an trockenen Plätzen im Schatten getrocknet. Dann sind sie jahrelang haltbar.

Sommerblühende Zwiebel- und Knollenpflanzen sind ebenfalls in wärmeren Gebieten beheimatet. Da sie meist nicht frosthart sind, müssen ihre Speicherorgane im Spätherbst ausgegraben und frostfrei überwintert werden, am besten in einem trocknen, luftigen Raum. Im kommenden Frühling (Anfang Mai) dürfen sie wieder ausgepflanzt werden.

Schling- und Kletterpflanzen sind meist Waldpflanzen, die in der Natur an größeren Gehölzen hinaufklettern, bis sie für die Bildung von farbenprächtigen Blüten und Früchten genügend Licht erhalten. Neben einjährig gezogenen Gattungen und Arten gibt es auch zahlreiche, die wie mehrjährige Kübelpflanzen in Gefäßen kultiviert und gepflegt werden müssen.

Kübelpflanzen: Viele Arten stammen aus den Subtropen und besitzen meist immergrünes Laub. Sie sind langlebig, vertragen aber unsere strengen Winter nicht. Daher müssen sie von Oktober bis Mai in frostfreien, hellen Räumen überwintert werden. Dort sollten sie nur in Maßen gegossen werden, dürfen aber keinesfalls ganz austrocknen. Auch auf Schädlinge ist im Winterquartier zu achten. Ein kräftiger Rückschnitt vor dem Einräumen verringert die Verdunstung, außerdem benötigen die Pflanzen dann nicht so viel Platz. Nach den Eisheiligen (Mitte Mai) können sie dann wieder auf die Terrasse oder den Balkon und erfreuen uns den ganzen Sommer über dann mit prächtigen Blüten.

Balkonpflanzen: Zu dieser Gruppe gehören größtenteils ein- und zweijährige Pflanzen, die aufgrund ihrer Frostempfindlichkeit in der Regel erst nach Mitte Mai ins Freie gepflanzt werden. Sie blühen dann den ganzen Sommer über bis zum Frost, bei richtiger Pflege in verschwenderischer Fülle. Wichtig ist, dass man sie in frische Erde pflanzt. Ist nach einigen Wochen der Düngervorrat der Erde erschöpft, ist jede Woche eine Nachdüngung erforderlich. In der Regel gibt man dem Gießwasser Flüssigdünger bei, in geringer Dosierung kann dies auch täglich erfolgen. Pflanzen mit hohem Wasserbedarf, z.B. Brugmansia, müssen an warmen Tagen mehrmals gegossen werden, am besten morgens und abends. Einige Gattungen wie *Pelargonium* können in frostfreien Räumen überwintert werden, von anderen können nach der Blüte Samen geerntet oder im Frühjahr oder Herbst Stecklinge geschnitten werden.

Handelszeitraum: Die meisten Sommerblüher werden von Mai bis Juni angeboten, Kübelpflanzen auch noch später. Sie bieten sich als Geschenk zu besonderen Gelegenheiten, z.B. einem Geburtstag oder Grillfest im Sommer, an. Häufig werden Sommerblumen auch schon zeitig im April angeboten. Doch wenn sie sich vor bösen Überraschungen schützen wollen, warten Sie lieber die Zeit bis nach den Eisheiligen (12.–15. Mai) ab.

Erläuterung wichtiger Begriffe

Erde

Einheitserde: Erdmischung aus Hochmoortorf und krümelstabilem Ton mit Düngerzusatz.
EE -P: Pikiererde mit geringem Nährstoffgehalt zur Anzucht.
EE -T: Topferde mit höherem Nährstoffgehalt zur Weiterkultur.
EE -ED 73: Erdmischung mit Langzeitdünger, z.B. für Dachgärten und Container.

TKS = Torfkultursubstrat: Mischung aus strukturstabilem Hochmoortorf und Düngerzusatz.
TKS 1: Anzuchterde mit geringen Nährstoffanteilen.
TKS 2: Topferde für die Weiterkultur mit höherem Nährstoffanteil.

Blüten

Radiäre Blüten, auch polysymmetrisch, haben eine gleichmäßig geformte Blüte. Diese lässt sich durch mehrere Symmetrieachsen spiegelbildlich betrachten.
Zygomorphe Blüten, auch monosymmetrisch oder dorsiventral, haben eine Blüte, die sich nur durch eine einzige Achse spiegelbildlich betrachten lässt.

Disymmetrische Blüten besitzen zwei im rechten Winkel stehende Symmetrieachsen. Typisch sind die Blüten der Kreuzblütler (Brassicaceae, früher Cruciferae).

Gewächshaus

Die verschiedenen Begriffe eines Gewächshauses können wie folgt erläutert werden:
Alpinhaus: Pflanzen sind nur vor Nässe geschützt. Es ist unbeheizt, es herrschen die gleichen Temperaturen wie im Freien. Die Seitenfenster sind immer geöffnet.

Überwinterungsraum: Beheiztes Haus oder Raum zur frostfreien Überwinterung, mindestens 5-10 °C; für manche Arten sind auch dunkle Kellerräume geeignet. (Zwiebel-, Knollen- und Rhizompflanzen).

Kalthaus: 10-14 °C, meist hell und luftig (die meisten Kübelpflanzen).

Temperiertes Haus: 14-18 °C, mäßig warm, hell (subtropische Gewächse).

Warmhaus: 18-24 °C, warm, für tropische Gewächse.

Symbole

Folgende Symbole werden in den Pflanzenbeschreibungen verwendet:

Giftpflanze

Lebensform
- Ein- oder zweijährige Pflanzen
- Stauden
- Zwiebelpflanze
- Knollenpflanze
- Halbstrauch/Halbstr.
- Strauch
- Baum
- Sukkulente

Blütezeit

optimale Lichtverhältnisse
- Sonne
- Schatten
- Halbschatten
- absonnig

Angaben zur Überwinterung
- Reisigschutz
- Alpinhaus
- Überwinterungsraum
- Kalthaus
- temperiertes Haus/temperiert
- Warmhaus

Verwendungszweck
- Ampelpflanze
- Bodendecker
- Beetpflanze
- Rabatte
- Balkonpflanze
- Einfassungen
- Grabbepflanzung
- Kletterpflanze/klettert
- Kübelpflanze
- Schnittpflanze
- Sumpfpflanze
- Topfpflanze

In den Pflanzenbeschreibungen werden in einigen Fällen symbolerläuternde Begriffe in Klammern gestellt. Diese Hinweise beschreiben das Verhalten am Naturstandort.

Beet- und Balkonpflanzen von A bis Z

Acroclinium roseum
(Syn. *Helipterum roseum*)
Sonnenflügel
Asteraceae, Asterngewächse

Heimat: West-Australien; subtropisch.
Wuchsform: Buschig aufrecht. Einjährig.
Blatt: Wechselständig, lanzettlich, 2–4 cm, bläulich grün, Stängel beblättert.
Blüte: Körbchen, 3–4(–6) cm breit, Röhrenblüten gelb, Zungenblüten papierartig, weiß, rosa, rot.
Wuchs-/Blütenhöhe: 15/20–60
Fruchtstand: Körbchen, Samen mit Pappus.
Standort: Durchlässige Böden in voller Sonne, trockenheitsliebend.
Verwendung: Trockenschmuck.
Vermehrung: Aussaat unter Glas ab III, in Töpfe mit sandiger Humuserde; ab Ende IV ins Freie.
Kultur: Durchlässiger Boden, ab V auspflanzen.
Sorte: 'Goliath', rosa, 50 cm.
Hinweise: Zum Trocknen vor Vollreife langstielig schneiden, kopfüber aufhängen.

einjährig		*Staude*
VII–X		*VII–VIII*
Sonne		*Sonne*
–		*Reisigschutz*
Beet, Schnitt		*Beet, Kübel*

Agapanthus praecox
Schmucklilie
Alliaceae, Lauchgewächse

Heimat: Süd-Afrika: Östliches Kapland; gemäßigt, mediterran.
Wuchsform: Aufrecht, Laub überhängend. Staude mit fleischigen Wurzeln.
Blatt: 2-zeilig, schmal, immergrün, bis 60 cm lang, 3 cm breit, glänzend grün.
Blüte: Trichterförmig, 3–4 cm, blau oder weiß, in zusammengesetzter Dolde.
Wuchs-/Blütenhöhe: 40–60/70–80 cm.
Frucht: Kapsel mit schwarzen Samen.
Standort: Volle Sonne und warm, auf durchlässigen Böden.
Vermehrung: Teilung, Aussaat mit Vorkultur im Frühling. Keimdauer 15–21 Tage.
Kultur: Nährstoffreiche Humuserde mit Lehmanteil. Reichlich gießen und düngen. Hell und kühl, bei 1–5 °C, überwintern; in Ruhezeit trocken halten, aber nicht austrocknen lassen. Im Freien Schutz mit Laubdecke.
Sorte: 'Headbourne Hybriden', 40–50 cm

Agastache mexicana
Mexikonessel, Duftnessel,
Mexikanische Minze
Lamiaceae, Taubnesselgewächse

Heimat: Mexiko; submediterran bis subtropisch.
Wuchsform: Aufrecht, breitbuschig, krautig. Ausdauernde Staude, meist einjährig kultiviert.
Blatt: Gegenständig, herzförmig, 4–7 cm lang, stumpf grün.
Blüte: Zygomorph, lippenförmig, 6–8 mm, lilarosa, auch blau oder weiß, in Ähren, aromatisch duftend.
Wuchs-/Blütenhöhe: 40–60 cm.
Frucht: Nüsschen.
Standort: Sonnige Lagen, durchlässiger Boden.
Verwendung: Für Vorgärten und Terrassen, Bienenweide.
Vermehrung: Teilung im Frühling. Aussaat im Vorfrühling. Man rechnet 1200 Samenkörner für 1000 Pflanzen.
Kultur: Humose Böden oder Einheitserde. Hell bei 12–15 °C überwintern.
Sorten: 'Blue'; 'White'; je 25 cm hoch.

Agastache mexicana	Ageratum houstonianum
einjährig, Staude	*einjährig*
I–X	*V–X*
Sonne	*Sonne*
Kalthaus	–
Beet, Schnitt	*Beet, Schnitt*

Ageratum houstonianum
Leberbalsam
Asteraceae, Asterngewächse

Heimat: Mittel- und Südamerika; subtropisch, tropisch.
Wuchsform: Aufrecht, breitbuschig. Einjährig.
Blatt: Gegenständig, herzförmig, flaumig behaart, 4–6 cm, grün.
Wuchs-/Blütenhöhe: 15–50/20–60 cm.
Blüte: Köpfchen, 3–5 mm, blau, rosa, weiß, in endständiger Doldentraube, 4–6 cm.
Fruchtstand: 1 cm große Köpfchen, kleine Samen mit Pappus.
Standort: Auf lehmigen Böden in sonniger, warmer Lage.
Vermehrung: Aussaat von I–III, Keimdauer 8–14 Tage. Stecklinge im III.
Kultur: Durchlässiger Boden. Ab Mitte V ins Freie pflanzen; gut wässern und düngen.
Sorten: 'Blaue Donau', blau, 15–20 cm; 'Schneeball', weiß, 15–20 cm.
Hinweise: Anfällig für Weiße Fliege und Spinnmilben.

Alcea rosea
Chinesische Stockrose
Malvaceae, Malvengewächse

Heimat: Östliches Mittelmeergebiet; mediterran.
Wuchsform: Aufrecht, rasch wachsend. Einjährig bis ausdauernd (nach Rückschnitt), wird meist zweijährig kultiviert.
Blatt: Wechselständig, kreisrund bis herzförmig, 10–15 cm, matt grün.
Blüte: Schalenblüte 5-zählig, 6–10 cm groß, rosa, weiß oder gelb, einfach oder gefüllt, in Trauben.
Wuchs-/Blütenhöhe: 80–200 cm.
Frucht: Kugelige Spaltfrucht mit rundlichen, flachen Samen.
Standort: Sonnig bis halbschattig, nährstoffreich, durchlässig.
Verwendung: Einzeln oder in kleinen Gruppen, Bauerngartenpflanze.
Vermehrung: Aussaat im Vorfrühling, oft Selbstaussaat. Keimdauer 14–21 Tage.
Kultur: Humose, nährstoffreiche Erde.
Hinweise: Anfällig für Rostpilze, Malvenflohkäfer.

Alstroemeria aurea
(Syn. *A. aurantiaca*)
Goldene Inkalilie, Alstroemeriaceae, Inkaliliengewächse

Heimat: Chile; subtropisch.
Wuchsform: Locker, aufrecht, horstbildend. Staude.
Blatt: Wechselständig, lanzettlich, 35–50 cm lang, 3 cm breit, grün.
Blüte: Trichterblüte bis 5 cm groß, orangerot mit gelb, in doldenähnlichem Blütenstand.
Wuchs-/Blütenhöhe: 50/100 cm.
Frucht: 3-klappige Kapsel.
Standort: Sonnige Lagen in durchlässigen, kalkarmen Böden.
Verwendung: Eher für Gebiete mit milden Wintern geeignet.
Vermehrung: Bei Sorten meist Teilung der Rhizomwurzeln im Frühling (erhält Farbechtheit). Ansonsten Aussaat. Keimdauer 14–21 Tage.
Kultur: Durchlässiger Boden.
Sorten: 'Orange King', orange, 50 cm.
Hinweise: Selten verpflanzen.

einjährig, Staude		*Staude*
IV–X		*VII*
Sonne bis Halbschatten		*Sonne*
Reisigschutz		*Reisigschutz*
Beet, Schnitt		*Beet, Schnitt*

Alternanthera bettzickiana
Papageienblatt
Amaranthaceae, Fuchsschwanzgewächse

Heimat: Tropisches Amerika; tropisch.
Wuchsform: Buschig, breit. Ein- bis zweijährig.
Blatt: Wechselständig, eiförmig, immergrün, 6–9 cm lang, grün mit gelber oder roter Maserung.
Blüte: Radiär, klein, 1–2 mm, weiß, in wenig auffälliger Ähre.
Wuchs-/Blütenhöhe: 10–30 cm.
Frucht: Unscheinbare Nüsschen.
Standort: Vollsonnig bis halbschattig mit durchlässigen Böden.
Verwendung: Zur Grabbepflanzung.
Vermehrung: Stecklinge im Herbst, von überwinterten Pflanzen im Frühling.
Kultur: Anzucht in Einheitserde, später humose Gartenböden. Frostempfindlich, ab Mitte V auspflanzen, deshalb meist einjährig.
Sorten: 'Aurea', niedrig, 10–30 cm, gelblaubig.
Hinweise: Entspitzen fördert die Verzweigung.

Alternanthera bettzickiana		Amaranthus caudatus
einjährig, zweijährig		einjährig
VII–IX		VII–X
Sonne bis Halbschatten		Sonne
–		–
Beet, Boden, Grab		Beet, Schnitt

Amaranthus caudatus
Garten-Fuchsschwanz
Amaranthaceae, Fuchsschwanzgewächse

Heimat: Tropisches Südamerika; subtropisch bis tropisch.
Wuchsform: Aufrecht, dichtbuschig, später überhängend. Einjährig.
Blatt: Wechselständig, eiförmig, immergrün, 5–25 cm lang, grün.
Blüte: Einzelblüten radiär, 1–2 mm, in hängenden Ähren, Blütenhüllen weiß, rot, grün, braun.
Wuchs-/Blütenhöhe: 50–100 cm.
Fruchtstand/Frucht: Ähren, unscheinbare Nüsschen.
Standort: Sonnig, humose Böden.
Verwendung: Einzeln oder in Gruppen für Hausgärten oder Parks, Schmetterlingsweide.
Vermehrung: Aussaat direkt ins Freie ab Ende IV.
Kultur: Durchlässiger Boden.
Sorten: 'Pony Tail', rote Blütenzöpfe, 75 cm.
Hinweise: Bei voller Entwicklung geerntet ist die Schnittpflanze besonders lange haltbar.

Amaryllis bella-donna
Ritterstern, Belladonnalilie
Amaryllidaceae, Amaryllisgewächse

Heimat: Süd-Afrika: Südwestliches Kapland; mediterran, subtropisch.
Wuchsform: Aufrecht, locker, horstbildend. Zwiebelpflanze.
Blatt: Wechselständig, lanzettlich, sommergrün, 30–50 cm lang, 3 cm breit, erscheinen nach Blüte.
Blüte: Glockenblüten rosafarben, 7–10 cm groß, in endständiger Dolde, 25–30 cm groß, Schaft bis 100 cm lang, duftend.
Wuchs-/Blütenhöhe: 50/70–100 cm.
Frucht: 3-fächerige Kapsel.
Standort: Vollsonnig bis halbschattig, mit nährstoffreichen, durchlässigen Böden. Wintermilde Lagen.
Vermehrung: Aussaat IV, Keimdauer 14–21 Tage. Oder Teilung im Frühling, Abnahme von Brutzwiebeln.
Kultur: Nach Keimung in humose Erde pikieren. Frostfrei, trocken und dunkel lagern.
Sorten: 'Parkeri Alba', mit weißen Blüten, 50–70 cm.
Hinweise: VII–X trocken halten.

Staude, Zwiebelpflanze		*einjährig*
IX–XI		*VII–IX*
Sonne bis Halbschatten		*Sonne*
Überwinterungsraum		*–*
Beet, Topf, Kübel		*Beet, Schnitt*

Ammobium alatum
Papierknöpfchen
Asteraceae, Asterngewächse

Heimat: Australien: Neusüdwales, Queensland; mediterran, subtropisch.
Wuchsform: Aufrecht, buschig, horstbildend. Einjährig.
Blatt: In Quirlen, lanzettlich, in der Heimat immergrün, 1–1,5 cm lang, grün. Blattstiel mit blattähnlichen Flügeln.
Blüte: Körbchen, 1–2 cm, gelbe Röhrenblüten und weiße Hüllblätter, papierartig, in Trugdolden.
Wuchs-/Blütenhöhe: 40–80 cm.
Frucht: Achäne.
Standort: Vollsonnig, mit durchlässigen Böden.
Verwendung: Trockenschmuck.
Vermehrung: Aussaat von II–V.
Kultur: In sandigem Substrat, nach 4 Wochen topfen.
Sorten: 'Bikini', weiß, kompakt, 45 cm; 'Grandiflorum', weiß, 50 cm.
Hinweise: Zum Trocknen vor der Vollblüte schneiden. Sträuße zum Trocknen kopfüber aufhängen.

Anagallis monellii

Gauchheil
Primulaceae, Schlüsselblumengewächse

Heimat: Westliches Mittelmeer; mediterran.
Wuchsform: Niederliegend, breit. Einjährig.
Blatt: Gegenständig, eiförmig lanzettlich, 1–1,5 cm lang, hellgrün.
Blüte: Radiär, 5-zählig, 1–2 cm, meist blau, auch rot, rosa, weiß. Trugdolden.
Wuchs-/Blütenhöhe: 10–30 cm.
Frucht: Kugelige Kapsel.
Standort: Durchlässige Böden; sonnig.
Verwendung: Für Steingärten und Böschungen.
Vermehrung: Aussaat direkt ins Freiland ab IV, unter Glas ab III. Keimdauer 12–21 Tage. Grünstecklinge im Frühjahr oder Frühsommer. Stecklinge frostfrei überwintern.
Kultur: Durchlässige, humose Anzuchterde.
Sorte: 'Pacific Blue', blau, 10–30 cm, kompakter als die Art.
Hinweise: Blüten schließen sich abends.

Anagallis monellii	Anchusa azurea
einjährig	*Staude*
VI–IX	*V–VI*
Sonne	*Sonne*
–	*Reisigschutz*
Beet, Boden, Einfassung	*Beet*

Anchusa azurea

(Syn. *A. italica*)
Italienische Ochsenzunge
Boraginaceae, Boretschgewächse

Heimat: Europa bis Himalaja, Nord-Afrika; mediterran.
Wuchsform: Aufrecht, im ersten Jahr Ausbildung einer Blattrosette. Kurzlebige Staude.
Blatt: Wechselständig, breit lanzettlich, 6–10 cm, rau behaart, grün.
Blüte: Einzelblüten radiär, bis 1,5 cm groß, enzianblau, in Wickeln.
Wuchs-/Blütenhöhe: 130/150 cm.
Frucht: Nüsschen.
Standort: Vollsonnig, mit durchlässigen Böden.
Vermehrung: Aussaat im Vorfrühling. Keimdauer 10–14 Tage. Teilung möglich. Im Winter Wurzelschnittlinge.
Kultur: Hell und sonnig, in durchlässiger Erdmischung.
Sorte: 'Loddon Royalist', enzianblau, 90 cm hoch.
Hinweise: Rückschnitt nach der Blüte fördert den Neuaustrieb.

Anemone coronaria
Kronen-Anemone
Ranunculaceae, Hahnenfußgewächse

Heimat: Mittelmeergebiete, West-Asien; mediterran.
Wuchsform: Aufrecht, locker. Knollenbildende Staude.
Blatt: Wechselständig, fiederteilig, 6–8 mm, grün, zieht nach der Blüte ein.
Blüte: Endständige Schalenblüte, einzeln gestielt, 4–7 cm, blau, rosa, rot, lila, einfach und gefüllt.
Wuchs-/Blütenhöhe: 20/45 cm.
Fruchtstand/Frucht: Sammelfrucht mit Nüsschen.
Standort: Tiefgründige, durchlässige Böden im Halbschatten.
Vermehrung: Teilung im Vorfrühling. Aussaat II–IV, Keimdauer 21–28 Tage.
Kultur: Von der Aussaat bis zur Keimung bei 10–15 °C halten, anschließend kühl und luftig kultivieren. Für Schnittblumenkultur über Winter ab VII in humose, nährstoffreiche Erde ins Gewächshaus pflanzen.

Staude		*Strauch*
III–V		*IV–X (ganzjährig)*
Halbschatten		*Sonne*
Überwinterungsraum		*Kalthaus*
Beet, Schnitt		*Beet, Kübel*

Anisodontea capensis
Scheinmalve
Malvaceae, Malvengewächse

Heimat: Südliches Afrika; subtropisch.
Wuchsform: Buschig, breit aufrecht, mit zierlichen Zweigen. Strauch, nicht frosthart.
Blatt: Wechselständig, 3-lappig, immergrün, 5 cm lang, grün.
Blüte: Schalenblüte, 5-zählig, 3 cm groß, rosa mit hellerem Rand, einzeln oder in endständiger Traube.
Wuchs-/Blütenhöhe: 100–150 cm.
Frucht: Kapsel, erscheint selten.
Standort: Durchlässige, nährstoffreiche Böden in voller Sonne.
Verwendung: Einzelstand in Beeten, Kübelpflanze, auch als Stämmchen.
Vermehrung: Kopf- und Triebstecklinge von Spätsommer bis III, bei 18–20 °C kultivieren.
Kultur: Nährstoffreiche, lockere Topferde mit Tonzusatz, mehrmals stutzen. Hell und kühl, bei 5–10 °C, überwintern.

Antirrhinum majus
Garten-Löwenmaul,
Großes Löwenmaul
Scrophulariaceae, Braunwurzgewächse

Heimat: Mittelmeergebiet bis Nordwest-Afrika; mediterran.
Wuchsform: Aufrecht, horstbildend. In der Heimat ausdauernde Staude; da nicht frosthart, bei uns einjährig kultiviert.
Blatt: Gegenständig, länglich spitz, ganzrandig, immergrün, 1–7 cm, grün.
Blüte: Röhrenförmig, rachenähnlich, 2-lippig, 3–4 cm groß, in Weiß, Gelb, Rosa, Rot, mehrfarbig, in achsel- oder endständigen Trauben; auch Sorten mit radiären und gefüllten Blüten.
Wuchs-/Blütenhöhe: 20–80 cm.
Frucht: Kapsel, 1 cm groß.
Standort: Nährstoffreiche, durchlässige Böden, sonnig.
Verwendung: Hohe Sorten als Schnittpflanze.
Vermehrung: Aussaat I–III bei einjähriger Kultur. Bei Sorten Stecklinge.
Kultur: Hell und luftig in TKS.

einjährig (Staude)	*Halbstrauch*
VI–X	*VII–VIII*
Sonne	*Sonne*
Reisigschutz	*Kalthaus*
Beet, Ampel, Schnitt	*Beet, Boden*

Aptenia cordifolia
Aptenie
Aizoaceae, Mittagsblumengewächse

Heimat: Kapland; subtropisch, mediterran.
Wuchsform: Niederliegend, mattenartig überhängend, rasch wachsend. Sukkulente, Halbstrauch.
Blatt: Gegenständig, eiförmig zugespitzt, sukkulent, dickfleischig, immergrün, 2–3 cm lang, grün.
Blüte: Radiäre Strahlenblüten, 1,5 cm, rosarot.
Wuchs-/Blütenhöhe: 5/5 cm.
Frucht: Kapsel.
Standort: Durchlässige Böden in vollsonnigen Lagen.
Verwendung: Für Tröge und Mauerkronen.
Vermehrung: Stecklinge im Frühsommer, Bewurzelung gelingt rasch.
Kultur: Nach Bewurzelung in sandige Humuserde topfen. Im Kalthaus hell, trocken überwintern.
Sorten: 'Variegata', mit gelben Blatträndern, 5/5 cm hoch.
Hinweise: Nässeempfindlich.

Arctotis fastuosa

(Syn. *Venidium fastuosum*)
Bärenohr, Venidie
Asteraceae, Asterngewächse

Heimat: Süd-Afrika, Kap; mediterran, subtropisch.
Wuchsform: Buschig, reich verzweigt, langstielig. Einjährig.
Blatt: Wechselständig, lanzettlich, gezähnter Rand, 6–8 cm lang, grüngrau.
Blüte: Röhrenblüten braun, Zungenblüten orange in 2 Kreisen, in endständigem Körbchen, 6–8 cm breit.
Wuchs-/Blütenhöhe: 30/40–60 cm.
Frucht: Achäne.
Standort: Durchlässige, sandige Böden in voller Sonne.
Verwendung: Beetpflanze, Schnittpflanze.
Vermehrung: Aussaat mit Vorkultur unter Glas ab III. Keimdauer 14–21 Tage.
Kultur: Durchlässiger Boden, ab Mitte V ins Freie pflanzen.
Hinweise: Blüten sind im Freien nur bei Sonnenschein geöffnet. Sie halten etwa 1 Woche in der Vase.

einjährig		*Halbstrauch*
VI–VIII		*V–X (ganzjährig)*
Sonne		*Sonne*
–		*Kalthaus*
Beet, Schnitt		*Beet, Kübel*

Argyranthemum frutescens

Strauchmargerite
Asteraceae, Asterngewächse

Heimat: Kanarische Inseln; mediterran.
Wuchsform: Aufrecht, vieltriebig. Halbstrauch, auch als Stämmchen zu ziehen, nicht frosthart.
Blatt: Wechselständig, fiederteilig, immergrün, 5 cm, blaugrün.
Blüte: Weiße Körbchenblüten mit gelber Mitte, je nach Sorte 3–5 cm groß, in Doldentrauben.
Wuchs-/Blütenhöhe: 60–100/80–120 cm.
Fruchtstand: Körbchen, Samen mit Pappus.
Standort: Vollsonnige Lage.
Verwendung: Für Terrasse, Balkon.
Vermehrung: Stecklinge von XII–IV von überwinterten Pflanzen.
Kultur: Nährstoffreiche, durchlässige Substrate; im Sommer viel, im Winter mäßig gießen. Überwinterung im Kalthaus, hell und luftig, bei 5–15 °C.
Sorte: 'Maja Bofinger', weiß, gelbe Mitte, 60–100 cm hoch.
Hinweise: Häufig entspitzen.

Asarina barclaiana
(Syn. *Maurandya barclayana*)
Maurandie, Kletterlöwenmaul
Scrophulariaceae, Braunwurzgewächse

Heimat: Mexiko; subtropisch, mediteran.
Wuchsform: Aufrecht, locker rankend. Halbstrauch, nicht frosthart, meist einjährig gezogen.
Blatt: Gegenständig, herzförmig gelappt, 4–5 cm.
Blüte: Röhrenblüten, rachenförmig, 2–3 cm, violett, gelber Schlund, blühen in achselständigen Ähren.
Wuchs-/Blütenhöhe: 200–300 cm.
Frucht: Kapsel.
Standort: Durchlässige Böden in sonniger bis halbschattiger Lage.
Verwendung: Zierliche Kletterpflanze, in Sträuchern, an Zäunen und Rankgerüsten.
Vermehrung: Aussaat im Vorfrühling unter Glas.
Kultur: Humose Erden mit Sandzusatz, bald nach der Keimung stäben. Überwinterung im Kalthaus möglich, hell, bei 12–15 °C.
Hinweise: Sehr frostempfindlich.

Asarina barclaiana		Asteriscus maritimus
Halbstrauch		*einjährig (Staude)*
VII–IX (ganzjährig)		*V–X (III–VI)*
Sonne bis Halbschatten		*Sonne*
Kalthaus		*Kalthaus*
Kübel, klettert		*Beet, Rabatte, Gefäße*

Asteriscus maritimus
Goldtaler
Asteraceae, Asterngewächse

Heimat: Mittelmeergebiete, Kanarische Inseln, Nord-Afrika bis Zentral-Asien; mediterran.
Wuchsform: Breit aufrecht, einjährig kultiviert.
Blatt: Wechselständig, spatelförmig, immergrün, 2–4 cm lang, grün.
Blüte: Strahlenblüten, radiär, 3–4 cm groß, dunkel gelb.
Wuchs-/Blütenhöhe: 20/25 cm.
Fruchtstand: Körbchen, Samen mit Pappus.
Standort: Vollsonnige Lagen, durchlässige Böden.
Verwendung: Beet- und Rabattenpflanze, für Felsspalten, Steingärten, Gefäße aller Art.
Vermehrung: Stecklinge im Spätsommer, von überwinterten Pflanzen im II.
Kultur: In Pikiererde mit Sandzusatz, unter Glas hell und kühl kultivieren. Überwinterung hell, bei 12–15 °C.
Sorten: 'Golddollar', goldgelb, 20 cm.

Bassia scoparia
(Syn. *Kochia scoparia*)
Sommerzypresse
Chenopodiaceae, Gänsefußgewächse

Heimat: Russland bis Ost-Asien; mediterran.
Wuchsform: Breit aufrecht. Einjährig.
Blatt: Wechselständig, sehr schmal, 3–4 cm lang, hellgrün.
Blüte: Unscheinbar, radiär, winzig, 1 mm, grün.
Wuchs-/Blütenhöhe: 50–100 cm.
Frucht: Nüsschen, unscheinbar.
Standort: Durchlässige Böden in voller Sonne.
Verwendung: Niedrige Hecken.
Vermehrung: Aussaat von III–IV unter Glas. Lichtkeimer. Man braucht 5 g pro 1000 Pflanzen.
Kultur: Einheitserde.
Sorten: 'Childsii', grün bis zum Frost; 'Trichophylla', im Herbst rot.
Hinweise: Staunässe vermeiden.

Bassia scoparia	Begonia-Semperflorens-Gruppe
einjährig	*einjährig*
VI–VIII	*IV–X*
Sonne	*Halbschatten*
–	–
Beet, Rabatte	*Beet, Einfassung, Grab*

Begonia-Semperflorens-Gruppe
Eis-Begonie
Begoniaceae, Schiefblattgewächse

Heimat: Art aus Brasilien, mit vielen Hybriden; tropisch, subtropisch.
Wuchsform: Buschig, aufrecht, rasch wachsend.
Blatt: Wechselständig, eiförmig, 6–9 cm lang, lederig, glänzen wie lackiert, je nach Sorte grün, braun.
Blüte: Disymmetrisch, 4-zählig, 1–2 cm, viele Farben von Weiß, Rosa bis Rot, einfach oder gefüllt.
Wuchs-/Blütenhöhe: 15–40/20–50 cm.
Frucht: Geflügelte Kapsel, enthält staubfeine Samen. 1g enthält bis 70 000 Samenkörner.
Standort: Vorwiegend halbschattige Lagen, humose Erde.
Verwendung: Für Beete und Schalen. Prächtiger Dauerblüher für den Halbschatten.
Vermehrung: Aussaaat nur in Spezialbetrieben XII–II bei 22–24 °C.
Kultur: In humoser Erde, pH-Wert 5,5–6,5.
Sorten: 'Gin', rosa; 'Whisky', weiß; 'Wodka', rot.
Hinweise: Auf Mehltau achten.

Begonia-Tuberhybrida-Gruppe
Knollen-Begonie
Begoniaceae, Schiefblattgewächse

Heimat: Art aus Südamerika, mit vielen Hybriden und Sorten; tropisch, subtropisch.
Wuchsform: Aufrecht, horstbildend, knollenbildend. Meist einjährig kultiviert.
Blatt: Wechselständig, handförmig, asymmetrisch, 12–18 cm lang, grün.
Blüte: Disymmetrisch, 5–15 cm groß, einfache Blüte 4-zählig, Sorten häufig gefüllt, viele Farben.
Wuchs-/Blütenhöhe: 20–25/30–40 cm.
Frucht: Kapsel, feine Samen.
Standort: Halbschattig, schattig, humose Böden.
Vermehrung: Aussaat im Vorfrühling. Keimdauer 10–14 Tage. Sorten im III durch Knollenteilung vermehren, Schnittstellen vorm Topfen mehrere Tage abtrocknen lassen.
Kultur: Knollen im III in humose Erde topfen und antreiben. Ab Mitte V ins Freie pflanzen.
Sorten: Gigantea-Grp., einfach, großblumig, Blüten 10–15 cm groß, Wuchshöhe 30–40 cm.

einjährig, Knollenpflanze		*zweijährig, Staude*
VI–X		*IV–VI*
Halbschatten, Schatten		*Sonne bis Halbschatten*
Überwinterungsraum		*Reisigschutz*
Beet, Gefäße, Grab		*Beet, Gefäße, Grab*

Bellis perennis
Maßliebchen, Tausendschön, Gänseblümchen
Asteraceae, Asterngewächse

Heimat: Arten aus Europa und Kleinasien; mediterran, gemäßigt.
Wuchsform: Rosettenbildend. Zweijährig gezogen.
Blatt: Gegenständig, spatelförmig, 6–8 cm lang.
Blüte: Körbchen, die Art blüht weiß mit gelber Mitte, die Sorten sind großblumig, pomponartig gefüllt, mit vielen Farben von Weiß bis Dunkelrot.
Wuchs-/Blütenhöhe: 10–15/25 cm.
Fruchtstand: Körbchen.
Standort: Sonnig bis halbschattig, nährstoffreiche Gartenböden.
Verwendung: Unterpflanzung zu Tulpen.
Vermehrung: Aussaat von VI–VII an schattigen Stellen oder mit Beschattung. 1 g Saatgut reicht für 1000 Pflanzen.
Kultur: In humoser, durchlässiger Erde. Im IX auspflanzen. Winterschutz durch leichte Reisigdecke.
Sorten: 'Aetna', dunkelrot gefüllt.
Hinweise: Anfällig für Mehltau, Grauschimmel und Blattläuse.

Bidens ferulifolia
Zweizahn
Asteraceae, Asterngewächse

Heimat: Mexiko, Arizona; mediterran, subtropisch.
Wuchsform: Buschig, überhängend, vieltriebig. Ein- bis zweijährige Pflanze.
Blatt: Wechselständig, fiederteilig, 3–5 cm lang.
Blüte: Strahlenblüten, goldgelb, in lang gestielten Körbchen, 1,5–2 cm.
Wuchs-/Blütenhöhe: 20–50 cm.
Fruchtstand: Körbchen, längliche Samen mit zwei Zähnchen.
Standort: Sonnig, durchlässiger Boden.
Vermehrung: Stecklinge und Aussaat ab II. Keimdauer 12–20 Tage.
Kultur: In durchlässiger, humoser Erde. Mehrmals stutzen. Überwinterung im Kalthaus möglich, hell, bei 12–15 °C, darf dabei nicht ganz austrocknen.
Sorten: 'Samsara', goldgelb, 3–4 cm große Blüten, Wuchshöhe 20–40 cm.
Hinweise: Ideale Ampelpflanze.

Bidens ferulifolia		Brachyscome iberidifolia
einjährig, zweijährig		einjährig
IV–X		VII–IX
Sonne		Sonne
Kalthaus		–
Kübel, Balkon, Ampel		Beet, Balkon, Ampel

Brachyscome iberidifolia
Blaues Gänseblümchen
Asteraceae, Asterngewächse

Heimat: West- und Süd-Australien; subtropisch, tropisch.
Wuchsform: Buschig, überhängend, zierlich. Einjährig.
Blatt: Wechselständig, schmal, fein gefiedert, 2–3 cm, grün.
Blüte: Zungenblüten, 2 cm groß, blauviolett, in Körbchen, duftend.
Wuchs-/Blütenhöhe: 25/30 cm.
Frucht: Achäne.
Standort: Sonnige, nicht zu trockene Lagen.
Verwendung: Reich blühende Balkon- und Rabattenpflanze, für Ampeln und Schalen.
Vermehrung: Ausaat ab III unter Glas. Keimdauer 12–20 Tage.
Kultur: Nach der Keimung in humose Erde pikieren. Erde darf nicht austrocknen.
Sorten: 'Blausternchen', blau; 'Rotsternchen'; je 25 cm hoch.
Hinweise: Gleichmäßige Feuchtigkeit ist in Gefäßen wichtig.

Briza maxima
Größtes Zittergras
Poaceae, Süßgräser

Heimat: Europa, Asien, Australien; mediterran.
Wuchsform: Aufrecht, horstbildend. Einjährig.
Blatt: 2-zeilig, linealisch, 10–15 cm lang, grün.
Blüte: Hängende Ähre in Zapfenform, 2–3 cm lang, grün, später gelblich.
Wuchs-/Blütenhöhe: 25–40/30–45 cm.
Frucht: Karyopse.
Standort: Durchlässige Böden in sonniger Lage.
Verwendung: Trockenschmuck.
Vermehrung: Aussaat Mitte III unter Glas, ab V direkt an Ort und Stelle. Keimdauer 12–20 Tage.
Kultur: Nach der Keimung gleich in Töpfe pikieren, ab V auspflanzen. Lockerer, durchlässiger Boden.
Besonderes: Bildet die größten Früchte der Gattung, daher der Name.
Hinweise: Sträuße zum Trocknen kopfüber an schattigen Plätzen aufhängen.

Briza maxima		Bromus macrostachys
einjährig		*einjährig*
VI–VII		*VI–VII*
Sonne		*Sonne*
–		–
Beet, Rabatte, Schnitt		*Beet, Schnitt*

Bromus macrostachys
(Syn. *B. lanceolatus*)
Langgrannige Trespe
Poaceae, Süßgräser

Heimat: Mittelmeergebiet bis Zentral-Asien, Himalaja, Westsibirien, Nordamerika; mediterran.
Wuchsform: Aufrecht, leicht überhängend, horstbildend. Einjährig.
Blatt: 2-zeilig, linealisch, 4–8 cm, leicht behaart.
Blüte: Ähren an verzweigter Rispe, 4–8 cm, lange Grannen, grün, später braun.
Wuchs-/Blütenhöhe: 40/60 cm.
Frucht: Karyopse mit langer Granne.
Standort: Durchlässige Böden in sonniger Lage.
Verwendung: Trockenschmuck.
Vermehrung: Aussaat ab Mitte III unter Glas. Keimdauer 12–21 Tage.
Kultur: Sandige Humusböden. Einmalig pikieren, dann ab Mitte V ins Freie pflanzen.
Hinweise: In grünem Zustand schneiden. Sträuße zum Trocknen kopfüber an schattigen Plätzen aufhängen.

Brugmansia arborea
Engelstrompete
Solanaceae, Nachtschatten-gewächse

Heimat: Südamerika: Mittlere Anden von Peru, Ecuador, Nordchile, Brasilien; subtropisch.
Wuchsform: Aufrecht, buschig, verholzt. Strauch, in der Heimat als Baum.
Blatt: Wechselständig, breit elliptisch, 25–30 cm, stumpf grün, samtig behaart.
Blüte: Hängend, trompetenförmig, 12–17 cm lang, weiß, duftend.
Wuchs-/Blütenhöhe: 200–300 cm.
Frucht: Eiförmige Kapsel.
Standort: Sonnige Lagen, nährstoffreicher Boden.
Verwendung: Terrasse, Wintergarten.
Vermehrung: Krautige Stecklinge von Frühling bis Sommer.
Kultur: Durchlässige Humuserde, hoher Wasser- und Düngerbedarf. Im Kalthaus bei 12–15 °C hell überwintern.
Hinweise: Im Herbst kräftig zurückschneiden.

Brugmansia arborea		Brugmansia sanguinea
Strauch (Baum)		*Strauch*
VI–X		*I–III (ganzjährig)*
Sonne		*Sonne*
Kalthaus		*Kalthaus*
Beet, Kübel		*Beet, Kübel*

Brugmansia sanguinea
Engelstrompete
Solanaceae, Nachtschatten-gewächse

Heimat: Südamerika: Anden von Nordkolumbien bis Nordchile; substropisch, mediterran.
Wuchsform: Aufrecht, baumförmig, verholzt.
Blatt: Wechselständig, elliptisch, 12–16 cm lang, filzig behaart, grün.
Blüte: Trompetenförmige Röhrenblüte, 15–23 cm lang, orange-gelb.
Wuchs-/Blütenhöhe: 300 cm.
Frucht: Eiförmige Kapsel.
Standort: Sonnig, nährstoffreicher Boden.
Verwendung: Einzelstellung.
Vermehrung: Krautige Stecklinge von Frühling bis Sommer.
Kultur: Durchlässige Humuserde, hoher Wasser- und Nährstoffbedarf. Im Kalthaus bei 12–15 °C hell überwintern; nicht austrocknen lassen.
Sorten: 'Feuerwerk', Blüten grün-gelb-rot, 300 cm hoch.
Hinweise: Vor dem Einräumen ins Kalthaus kräftig zurückschneiden.

Brugmansia suaveolens
Engelstrompete
Solanaceae, Nachtschatten-gewächse

Heimat: Südostbrasilien; subtropisch.
Wuchsform: Aufrecht, reich verzweigt, verholzt.
Blatt: Wechselständig, elliptisch, immergrün, 20–30 cm lang, glänzend, grün.
Blüte: Trichterförmig, 25–30 cm lang, hängend, rosa-weiß.
Wuchs-/Blütenhöhe: 200–300 cm.
Frucht: Kapsel, walzenförmig.
Standort: Sonnig, nährstoffreicher Boden.
Verwendung: Einzeln.
Vermehrung: Krautige Stecklinge von Frühling bis zum Sommer.
Kultur: Durchlässige Humuserde, benötigt viel Wasser und Nährstoffe. Im Kalthaus bei 12–15 °C hell überwintern.
Sorten: 'Blanes', cremeweiß; 'Goldtraum', hellgelb; 'Guatemala', rosa.
Hinweise: Vor dem Einräumen im Herbst kräftig zurückschneiden. Auf Blattwanzen, Blattläuse und Schnecken achten.

Brugmansia		Calceolaria
Strauch		einjährig, (Halbstrauch)
VIII–X		IV–VI
Sonne		Sonne bis Halbschatten
Kalthaus		Reisigschutz
Beet, Kübel		Beet, Balkon, Grab

Calceolaria integrifolia
Pantoffelblume
Scrophulariaceae, Braunwurz-gewächse

Heimat: Chile; subtropisch.
Wuchsform: Buschig, aufrecht. In der Heimat als Halbstrauch, bei uns meist nur einjährig kultiviert.
Blatt: Gegenständig, eiförmig, 5–7 cm lang, rau.
Blüte: Pantoffelförmig, 1–2 cm, goldgelb, in Doldentrauben.
Wuchs-/Blütenhöhe: 40–50 cm.
Frucht: Kapsel, unscheinbar.
Standort: Sonnig bis halbschattig, humos, nährstoffarm.
Verwendung: In Gruppen.
Vermehrung: Stecklinge im Herbst. Aussaat von XI–II, sehr feine Samen. Keimdauer 15–20 Tage.
Kultur: Torfhaltige Substrate. Jungpflanzen kühl und hell überwintern. Schwachzehrer, nie austrocknen lassen.
Sorten: 'Goldbukett', goldgelb, reich blühend, 30–40 cm, kompakt.
Hinweise: Besonders auf Blattläuse achten.

Calendula officinalis
Garten-Ringelblume
Asteraceae, Asterngewächse

Heimat: Mittelmeergebiete; mediterran.
Wuchsform: Aufrecht, vieltriebig. Einjährig.
Blatt: Wechselständig, breit lanzettlich, 3–15 cm, hellgrün.
Blüte: Körbchenblüte, margeritenähnlich, 4–8 cm, je nach Sorte gelb, orange oder braun, einfach oder gefüllt. Herbstaussaat: Blüte ab III.
Wuchs-/Blütenhöhe: 40–60 cm.
Fruchtstand: Körbchen mit Achäne.
Standort: Durchlässige Böden.
Verwendung: Heilpflanze.
Vermehrung: Aussaat ab Herbst (Selbstaussaat) oder ab III–IV, direkt an Ort und Stelle. Für 1000 Pflanzen benötigt man 15 g Saatgut.
Kultur: Einheitserde mit Sand.
Sorten: 'Kablouna', röhrenförmige Blüten, gelb und orange, Schnitt.
Hinweise: Mehltau vorbeugend bekämpfen.

Calendula officinalis	Callistemon citrinus
einjährig	*Strauch*
IV–X	*V–IX*
Sonne	*Sonne*
–	*Kalthaus*
Beet, Balkon, Schnitt	*Kübel*

Callistemon citrinus
Zylinderputzer
Myrtaceae, Myrtengewächse

Heimat: Australien: Queensland, Neusüdwales, Victoria; subtropisch.
Wuchsform: Bogig überhängend. Strauch, nicht frosthart.
Blatt: Wechselständig, linealisch, spitz, immergrün, 3–7 cm lang, derb, hellgrün.
Blüte: Bürstenförmige Ähre, leuchtend rot, 5–15 cm lang, duftend.
Wuchs-/Blütenhöhe: 200–500 cm.
Fruchtstand: Ähre mit Kapseln.
Standort: Durchlässige Böden in voller Sonne.
Verwendung: Einzelstellung.
Vermehrung: Stecklinge im Sommer oder im Vorfrühling abreißen und leicht anschneiden. Wurzelhormone erleichtern das Anwachsen.
Kultur: Humose Böden mit Sandzusatz. Im Kalthaus überwintern, hell, bei 5–10 °C. Nicht austrocknen lassen.
Sorten: 'Splendens', rot, 200–500 cm.
Hinweise: Mit Regenwasser gießen.

Callistephus chinensis
Sommeraster
Asteraceae, Asterngewächse

Heimat: China; gemäßigt.
Wuchsform: Aufrecht, buschig. Einjährig.
Blatt: Wechselständig, oval, 8–10 cm, lang gestielt.
Blüte: Köpfchen mit einfachen oder gefüllten Blüten, in fast allen Farben und Größen.
Wuchs-/Blütenhöhe: 30–40/60–100 cm.
Fruchtstand: Köpfchen, Samen mit Pappus.
Standort: Durchlässige, humose Böden.
Verwendung: In Gruppen.
Vermehrung: Aussaat II–V, unter Glas oder an Ort und Stelle, 4 g für 1000 Pflanzen.
Kultur: In durchlässigen, nährstoffreichen Böden, hell und luftig.
Sorten: 'Mylady', Zwerg-Aster, verschiedene Farben, 25 cm; 'Germania-Astern', hohe Schnitt-Aster, gefüllte Blüten, 100 cm; 'Prinzess-Astern', 60–75 cm, Zentrum mit Röhrenblüten, Schnittpflanze; 'Riesen-Strahlen-Astern', lange, nadelartig gedrehte Blütenblätter, 60 cm.
Hinweise: Welkeresistente Sorten. Auf Blattwanzen, Blattläuse und Raupen achten.

Callistephus chinensis		Campanula medium
einjährig		*zweijährig*
VI–X		*VI–VII*
Sonne		*Sonne bis Halbschatten*
–		*Reisigschutz*
Beet, Schnitt		*Beet, Rabatte, Schnitt*

Campanula medium
Marien-Glockenblume
Campanulaceae, Glockenblumengewächse

Heimat: Südostfrankreich, Norditalien; gemäßigt, submediterran.
Wuchsform: Aufrecht, horstbildend, grundständige Blattrosette. Zweijährig.
Blatt: Wechselständig, lanzettlich, 10–15 cm, grün.
Blüte: Glockenförmig, groß, 5–6 cm lang, weiß, rosa oder blau, in Trauben.
Wuchs-/Blütenhöhe: 50–80 cm.
Frucht: Kapsel.
Standort: Sonnig bis halbschattig; durchlässige, kalkhaltige Böden.
Verwendung: Beete und Rabatten.
Vermehrung: Aussaat im Freien von V–VII, bei einjähriger Kultur ab II im Haus.
Kultur: Durchlässige Böden, hell und luftig. Kurze Kulturzeit. Bei zweijähriger Kultur Reisigabdeckung.
Sorten: 'Champion', rosa und blau, 80 cm, Schnittsorte.
Hinweise: Auf Pilzkrankheiten achten.

Canna indica
Indisches Blumenrohr
Cannaceae, Blumenrohrgewächse

Heimat: Art aus Mittel- und Südamerika; subtropisch bis tropisch.
Wuchsform: Aufrecht, kurze, dicke Rhizome. Staude, nicht frosthart.
Blatt: Wechselständig, stängelumfassend, breit lanzettlich, 30–60 cm lang, glatt, grün oder braun.
Blüte: Asymmetrisch, 3-zählig, 15 cm, rot, orange oder gelb, in Trauben oder Rispen.
Wuchs-/Blütenhöhe: 60/80–150 cm.
Frucht: 3-klappige Kapsel.
Standort: Tiefgründige, humose, auch feuchte Böden.
Verwendung: In Gruppen in Parks und großen Gärten.
Vermehrung: Teilung der Rhizome im Spätwinter. Wunden mit Holzkohle behandeln.
Kultur: Humoser Boden. Getopfte Rhizome im Warmhaus antreiben, Ende V ins Freie pflanzen. Rhizome im Oktober wieder ausgraben, frostfrei und trocken überwintern.
Sorten: 'Brillant', rot; 'Felix Ragout', gelb.

Canna indica		Carthamus tinctorius
Staude		*einjährig*
VI–X		*VII–VIII*
Sonne		*Sonne*
Überwinterungsraum		–
Beet, Kübel		*Schnitt*

Carthamus tinctorius
Färber-Distel, Färber-Saflor
Asteraceae, Asterngewächse

Heimat: Südwest-Asien; mediterran.
Wuchsform: Aufrecht, horstbildend. Einjährig.
Blatt: Gegenständig, lanzettlich, 6–8 cm, Rand gezähnt, grün.
Blüte: Köpfchen, endständig, mit gelben oder orangefarbenen Röhrenblüten, 4 cm breit.
Wuchs-/Blütenhöhe: 60/80–100 cm.
Fruchtstand: Köpfchen.
Standort: Warme, sonnige und trockene Lagen.
Verwendung: Trockenblume.
Vermehrung: Aussaat im III in Töpfe unter Glas. Man rechnet 50–70 g für 1000 Pflanzen. Ab IV direkt ins Freiland säen, Keimdauer 12–14 Tage.
Kultur: Durchlässige, nährstoffreiche Böden. Ab Ende V auspflanzen.
Sorten: 'Goldschnitt', gelb, 80 cm (Bild); 'Orangefeuer', orange, 60 cm, früh blühend.
Besonderes: Alte Kulturpflanze. Samen werden als „Distelöl" verwendet. Auch als Färbe- und Heilpflanze bekannt.

Catananche caerulea
Rasselblume
Asteraceae, Asterngewächse

Heimat: Westliche Mittelmeergebiete, Nordwest-Afrika, Libyen; mediterran.
Wuchsform: Aufrecht, locker, rosettenbildend. Nicht frostharte Staude, bei uns einjährig gezogen.
Blatt: In grundständiger Rosette, linealisch, 20–30 cm lang, gezähnt, grün.
Blüte: Köpfchen mit Röhren- und Zungenblüten, 3–4 cm groß, blauviolett.
Wuchs-/Blütenhöhe: 20/50–60 cm.
Frucht: Achäne.
Standort: Durchlässige Böden.
Verwendung: Trockenschmuck.
Vermehrung: Aussaat im Vorfrühling unter Glas, ab V ins Freiland pflanzen. Keimdauer 12–14 Tage. Wurzelschnittlinge im Winter.
Kultur: In durchlässigen, sandig lehmigen Böden, problemlos.
Sorten: 'Alba', weiß; 'Istra', violett; je 20–50 cm hoch.
Besonderes: Die trockenen Hüllblätter rascheln im Wind, daher der Name „Rasselblume".
Hinweise: Kopfüber trocknen.

einjährig (Staude)		*einjährig*
VII–IX		*VI–IX*
Sonne		*Sonne*
–		–
Beet, Schnitt		*Beet*

Celosia argentea-Cristata-Gruppe
Hahnenkamm-Celosie
Amaranthaceae, Fuchsschwanzgewächse

Heimat: Züchtung; subtropisch.
Wuchsform: Aufrecht, horstbildend. Einjährig.
Blatt: Wechselständig, lanzettlich, sommergrün, 15–20 cm, grün.
Blüte: Endständig, auffällige Hahnenkammform, 6–12 cm, je nach Sorte in Gelb, Orange oder Rot. Die eigenartigen Blütenformen sind Mutationen.
Wuchs-/Blütenhöhe: 30/40–60 cm.
Fruchtstand: Rispe.
Standort: Sonnige Lagen mit nährstoffreichen Gartenböden.
Verwendung: In Gruppen.
Vermehrung: Aussaat von II–IV unter Glas bei 25 °C, später kühler halten. 2 g ergeben 1000 Pflanzen.
Kultur: In durchlässigem, humusreichen Substrat, ab V ins Freie.
Sorten: 'Bombay', viele Farben, 60 cm; 'Feuerball', orangescharlach, 20 cm.
Hinweise: Mehltau und Grauschimmel vorbeugend bekämpfen.

Celosia argentea-Plumosa-Gruppe

Federbusch-Celosie
Amaranthaceae, Fuchsschwanz-gewächse

Heimat: Art aus dem tropischen Afrika.
Wuchsform: Aufrecht, horstbildend. Einjährig.
Blatt: Wechselständig, lanzettlich, sommergrün, 15–20 cm, grün.
Blüte: Einzelblüten unscheinbar, 1 mm groß, Blütenstand „federbuschartig", buschig, stark verzweigt, zierlich, in vielen Farbtönen.
Wuchs-/Blütenhöhe: 40/60–80 cm.
Fruchtstand: Rispe.
Standort: Durchlässige Böden.
Verwendung: Trockenschmuck.
Vermehrung: Aussaat von III–V unter Glas. 2 g ergeben 1000 Pflanzen.
Kultur: Warm, hell und feucht, durchlässiger Boden.
Sorten: 'Century', beste Serie für den Schnitt, in vielen Farben, 40–60 cm hoch.
Hinweise: Zum Trocknen Stiele entlauben und kopfüber aufhängen. Mehltau und Grauschimmel vorbeugend bekämpfen.

Celosia		Centaurea
einjährig		einjährig
VI–IX		V–VIII
Sonne		Sonne
–		–
Beet, Schnitt		Beet, Schnitt

Centaurea cyanus

Kornblume
Asteraceae, Asterngewächse

Heimat: Mittelmeergebiete bis Nordamerika, Chile; mediterran.
Wuchsform: Aufrecht, horstbildend, Triebe filzig. Einjährig.
Blatt: Wechselständig, lanzettlich, fiederschnittig, 4–6 cm, graugrün.
Blüte: Körbchen, 3–5 cm, lang gestielt, je nach Sorte hellblau, lila, auch rot und weiß, einfach oder gefüllt.
Wuchs-/Blütenhöhe: 20/40–50 cm.
Fruchtstand: Köpfchen
Standort: Sonnig, nährstoffreiche Böden.
Verwendung: Beetpflanze.
Vermehrung: Aussaat schon ab Herbst möglich, besser III–IV an Ort und Stelle. 10 g Samen sind für 1000 Pflanzen erforderlich.
Kultur: Durchlässiger Boden.
Sorten: 'Rosa Schönheit', rosa, Wuchshöhe/Blütenhöhe 20/40–50 cm.
Hinweise: Befall durch Mehltau, Rostpilze und Spinnmilben möglich.

Centaurea macrocephala
Riesen-Flockenblume
Asteraceae, Asterngewächse

Heimat: Kaukasus; gemäßigt.
Wuchsform: Kräftig wachsend, straff aufrecht, horstbildend. Frostharte Staude.
Blatt: Wechselständig, breit lanzettlich, 12–15 cm, grün.
Blüte: Gelbe, gefranste Röhrenblüten. Blütenköpfe bis 10 cm groß.
Wuchs-/Blütenhöhe: 30/80–100 cm.
Fruchtstand: Köpfchen.
Standort: Sonnig bis halbschattig, tiefgründige, durchlässige Böden.
Verwendung: Staudenbeet.
Vermehrung: Aussaat im Frühling unter Glas, Keimdauer 12–20 Tage. Oder Teilung nach der Blüte.
Kultur: Nach der Keimung auf gut gedüngte Beete auspflanzen.
Weitere Arten: *C. glastifolia* aus Südrussland, gelb, zierliche Schnittblume.
Hinweise: Befall durch Mehltau und Spinnmilben möglich.

Staude		*Strauch*
VII–VIII		*III–IV*
Sonne bis Halbschatten		*Sonne*
frosthart		*Kalthaus*
Beet, Schnitt		*Kübel, Schnitt*

Chamelaucium uncinatum
Australische Wachsblume
Myrtaceae, Myrtengewächse

Heimat: West-Australien; subtropisch.
Wuchsform: Sparrig, ausladend, dicht verzweigt. Strauch, nicht frosthart.
Blatt: Wechselständig, nadelförmig, 2–3 cm, immergrün, graugrün.
Blüte: Radiär, 1–1,5 cm groß, weiß, rosa, lila, in Büscheln.
Wuchs-/Blütenhöhe: 100–150 cm.
Frucht: Kapsel.
Standort: Kalkarme, durchlässige Böden in sonniger Lage.
Verwendung: Schnittpflanze (Blütenzweige), Kübelpflanze zur Einzelstellung.
Vermehrung: Stecklinge im Sommer.
Kultur: Humusreicher Sandboden. Überwinterung im Kalthaus, hell, bei 12–15 °C.
Hinweise: Spinnmilbenbefall möglich.

Chrysanthemum coronarium

Goldblume, Kronen-Wucherblume
Asteraceae, Asterngewächse

Heimat: Mittelmeergebiete bis Iran; mediterran.
Wuchsform: Aufrecht, buschig, horstbildend. Einjährig.
Blatt: Wechselständig, lanzettlich, doppelt fiederteilig, 4–6 cm lang, grün.
Blüte: Köpfchen mit gelben Röhren- und Zungenblüten, bis 8 cm.
Wuchs-/Blütenhöhe: 30/60–100 cm.
Frucht: Achäne.
Standort: Durchlässige Gartenböden.
Verwendung: Blumenwiesen.
Vermehrung: Aussaat ab II unter Glas oder ab IV ins Freie. 10 g für 1000 Pflanzen erforderlich.
Kultur: In sandigem Lehmboden mit guter Nährstoffversorgung.
Sorten: 'Goldblume', gelb, 60 cm; 'Tetra Comet', gelb, Blüten bis 8 cm groß, 80 cm hoch.
Weitere Art: *Ismelia carinata* (Syn. *Chrysanthemum carinatum*), Kiel-Wucherblume, mehrfarbig, 40–50 cm hoch.

Chrysanthemum indicum

(Syn. *Dendranthema grandiflorum*)
Garten-Chrysantheme
Asteraceae, Asterngewächse

Heimat: Züchtung (Hybriden). Schon vor 2000 Jahren in China und Japan in Kultur; gemäßigt.
Wuchsform: Aufrecht, horstbildend, dichtbuschig, Stängel beblättert und verzweigt. Staude.
Blatt: Wechselständig, eiförmig, gelappt, 4–6 cm.
Blüte: Körbchen, je nach Sorte weiß, gelb, orange oder rot, einfach oder gefüllt.
Wuchs-/Blütenhöhe: 30/50–100 cm.
Fruchtstand: Körbchen, kleine Samen mit Pappus.
Standort: Nährstoffreiche Böden.
Verwendung: Spät blühende Staude.
Vermehrung: Kopfstecklinge nach der Blüte. Teilung im Vorfrühling.
Kultur: Bewurzelung in humosem Substrat mit Perlitezusatz. In mehreren Sätzen pflanzen. Steuerung der Blütezeit durch Verdunkelung.
Sorten: Unzählige Sorten. 'Schwabenstolz', rot gefüllt; 'Edelweiß', weiß, einfach; Wuchshöhe/Blütenhöhe je 30/50–80 cm.

einjährig		*Staude*
VI–IX		*IX–X, (ganzjährig)*
Sonne		*Sonne*
–		*Reisigschutz*
Beet, Schnitt		*Beet, Schnitt*

Clarkia amoena
(Syn. *Godetia amoena*)
Atlasblume, Godetie
Onagraceae, Nachtkerzengewächse

Heimat: Kalifornien; subtropisch, mediterran.
Wuchsform: Breit aufrecht, horstbildend. Einjährig
Blatt: Quirlständig, eiförmig lanzettlich, 3–5 cm lang, graugrün.
Blüte: Radiär, 4–5 cm groß, rot oder weiß, einfach oder gefüllt, endständig.
Wuchs-/Blütenhöhe: 30/40–65 cm.
Frucht: Kapsel.
Standort: Durchlässige Gartenböden.
Verwendung: Beetpflanze, Topfpflanze, Schnittpflanze.
Vermehrung: Aussaat von II–V unter Glas. Bei Aussaat im IX und frostfreier Überwinterung im Folientunnel blühen die Pflanzen ab V. Keimdauer 7–14 Tage.
Kultur: Je 1–3 Samenkörner direkt in Töpfe aussäen. Dauer bis zur Blüte 4–5 Monate. Humoser Boden.
Sorten: 'Satin', viele Farben, 25 cm; 'Schnittwunder', rot, 65 cm.

Clarkia amoena		Cleome hassleriana
einjährig		*einjährig*
VII–X		*VI–X*
Sonne		*Sonne*
–		–
Beet, Topf, Schnitt		*Beet, Rabatte*

Cleome hassleriana
(Syn. *C. spinosa*)
Spinnenblume
Capparaceae, Kaperngewächse

Heimat: Südostbrasilien, Argentinien; subtropisch, tropisch.
Wuchsform: Säulenförmig, horstbildend. Bei uns einjährig.
Blatt: Wechselständig, handförmig geteilt, 12–20 cm, lang gestielt, Nebenblattdornen am Blattgrund, drüsig behaart, grüngrau.
Blüte: Zygomorph, 4–5 cm groß, rot, weiß oder rosa, Blütenblätter gestielt, werden vom Griffel überragt. In endständigen Trauben, die weiter wachsen.
Wuchs-/Blütenhöhe: 40/100–120 cm.
Frucht: Gestielte Kapsel, 8–10 cm.
Standort: Nährstoffreiche Böden.
Verwendung: Dauerblüher.
Vermehrung: Aussaat von III–IV mit Vorkultur unter Glas. Ab V ins Freie.
Kultur: Hell und luftig bei 18–24 °C, vor dem Auspflanzen bei 10 °C abhärten. Durchlässiger Boden.
Sorten: 'Helen Campbell', rein weiß; 'Kirschkönigin', hellrot; Wuchshöhe/Blütenhöhe je 40/100–120 cm.

Cobaea scandens
Glockenrebe
Cobaeaceae, Glockenreben-gewächse

Heimat: Mexiko; tropisch.
Wuchsform: Schnell wachsender Ranker. In der Heimat als Strauch, bei uns wegen Frostempfindlichkeit meist einjährig kultiviert.
Blatt: Gegenständig, elliptisch, doppelt paarig gefiedert, 8–10 cm lang, grün. Mittelrippe als Blattranke umgebildet.
Blüte: Glockenblüten, 5-zählig, bis 5 cm lang, blaulila, lila oder weiß.
Wuchs-/Blütenhöhe: 400–600 cm.
Frucht: Kapsel, eiförmig.
Standort: Sonnig bis halbschattig, nährstoffreiche Humusböden.
Verwendung: An Klettergerüsten im Wintergarten.
Vermehrung: Aussaat im III mit Vorkultur unter Glas. Ab V ins Freie.
Kultur: Samen vorquellen, dann einzeln in Töpfe stecken, später umtopfen. Humoser Boden, z.B. TKS.
Sorte: 'Alba', weiß, 400–600 cm hoch.

Cobaea scandens		Consolida ajacis
einjährig (Strauch)		*einjährig*
V–X		*V–VIII*
Sonne bis Halbschatten		*Sonne*
Kalthaus		*Reisigschutz*
Kübel, klettert		*Beet, Schnitt*

Consolida ajacis
(Syn. *Delphinium ajacis*)
Hyazinthenblütiger Sommerrittersporn
Ranunculaceae, Hahnenfuß-gewächse

Heimat: Mittelmeergebiete bis zum Kaukasus; mediterran.
Wuchsform: Aufrecht, horstbildend. Einjährig.
Blatt: Wechselständig, handförmig, mehrfach gefiedert, 3–5 cm, grün.
Blüte: Disymmetrisch, gespornt, einfach oder gefüllt in Violett, Blau, Rosa oder Weiß, 2–3 cm groß, dichte Ähren.
Wuchs-/Blütenhöhe: 30/80–150 cm.
Frucht: Balgfrucht
Standort: Durchlässige Böden in voller Sonne.
Verwendung: Beetpflanze, Schnitt.
Vermehrung: Aussaat im Herbst oder Vorfrühling, mit Vorkultur im Haus oder direkt an Ort und Stelle. 5 g ergeben 1000 Pflanzen.
Kultur: Bei Herbstaussaat im Freien leichter Reisigschutz.
Sorten: 'Blaue Wolke', blau; 'Weiße Wolke', weiß, beide 80 cm hoch.

Convolvulus tricolor
Dreifarbige Winde
Convolvulaceae, Windengewächse

Heimat: Mittelmeergebiete; mediterran.
Wuchsform: Buschig, horstbildend, nicht windende Art. Einjährig.
Blatt: Wechselständig, elliptisch, 2–4 cm lang, ganzrandig, grün.
Blüte. Trichterblüte, radiär, 3–5 cm groß, blau mit gelb-weißem Schlund.
Wuchs-/Blütenhöhe: 25/30–40 cm.
Frucht: Kapsel.
Standort: Durchlässige Gartenböden in Sonne und Halbschatten.
Verwendung: Beet- und Rabattenpflanze, in Gruppen, Bodendecker.
Vermehrung: Aussaat im III an Ort und Stelle. Keimdauer 14–20 Tage.
Kultur: Kräftige Keimlinge vereinzeln. Humoser Boden.
Hinweise: Blüten erscheinen reichlich, halten aber nur einen Tag.

Convolvulus tricolor		Coreopsis tinctoria
einjährig		*einjährig*
VI–X		*VII–IX*
Sonne bei Halbschatten		*Sonne*
–		–
Beet, Rabatte, Boden		*Beet, Rabatte*

Coreopsis tinctoria
Färber-Mädchenauge
Asteraceae, Asterngewächse

Heimat: Mexiko, südliche USA; subtropisch, mediterran.
Wuchsform: Buschig, vieltriebig, aufrecht, horstbildend. Einjährig.
Blatt: Wechselständig, nadelförmig, 2–3 cm, grün.
Blüte: Körbchenblüte auf dünnen Stängeln, radiär, 3–4 cm, meist gelb mit brauner Mitte.
Wuchs-/Blütenhöhe: 30/70–100 cm.
Fruchtstand: Körbchen.
Standort: Durchlässige Böden in voller Sonne.
Verwendung: Beet- und Rabattenpflanze.
Vermehrung: Aussaat im IV an Ort und Stelle. Keimdauer 12–20 Tage.
Kultur: Durchlässiger Boden. Zu dichte Keimlinge vereinzeln.
Sorten: 'Dazzler', rotgelb, 25 cm; 'Tetra Goldteppich', goldgelb, rotes Auge, 50 cm.
Hinweise: Reich blühende, kaum pflegebedürftige Sommerblume.

Cosmos bipinnatus
Schmuckkörbchen, Kosmee
Asteraceae, Asterngewächse

Heimat: Tropisches Amerika, Mexiko; subtropisch.
Wuchsform: Straff aufrecht, zierlich. Einjährig.
Blatt: Gegenständig, doppelt fiederschnittig, sehr fein, grün.
Blüte: Körbchen, Zungenblüten bis 10 cm groß, in Weiß, Rosa, Rot, Röhrenblüten gelb.
Wuchs-/Blütenhöhe: 30/80–120 cm.
Fruchtstand: Körbchen mit 1 cm langen Samen.
Standort: Durchlässige Böden in voller Sonne.
Verwendung: Beet- und Rabattenpflanze, Schnittblume.
Vermehrung: Aussaat unter Glas ab II, an Ort und Stelle ab Ende IV. Keimdauer 8–14 Tage.
Kultur: Humose Erde. Pflanzen hell und luftig kultivieren, stickstoffarme Nachdüngung.
Sorten: 'Sonata', mehrere Farbtöne, gedrungen, 60 cm; 'Seashell', röhrenförmige Randblüten, 80–120 cm.
Hinweise: Sät sich leicht selbst aus.

Cosmos bipinnatus		Cosmos sulphureus
einjährig		*einjährig*
VII–X		*VIII–IX*
Sonne		*Sonne*
–		*Reisigschutz*
Beet, Rabatte, Schnitt		*Beet, Rabatte, Schnitt*

Cosmos sulphureus
Gelbes Schmuckkörbchen
Asteraceae, Asterngewächse

Heimat: Mexiko, tropisches Amerika; subtropisch, tropisch.
Wuchsform: Aufrecht, buschig. Einjährig kultiviert.
Blatt: Gegenständig, fiederschnittig, graugrün.
Blüte: Körbchen, goldgelb mit gelber Mitte, 5–7 cm groß.
Wuchs-/Blütenhöhe: 30/80–120 cm.
Fruchtstand: Körbchen.
Standort: Durchlässige Böden in voller Sonne.
Verwendung: Reich blühende Beet- und Rabattenpflanze, in Gruppen, Schnittpflanze.
Vermehrung: Aussaat im IV ins Freie.
Kultur: Durchlässiger Boden. Vorkultur in Töpfen möglich, ab Mitte V ins Freiland pflanzen.
Sorten: 'Diabolo', rot, 60 cm; 'Sunset', orangegelb, halb gefüllt, 60 cm.
Hinweise: Kann in milden Wintern mit Reisigabdeckung überdauern.

Crinum × powellii
Hakenlilie
Amaryllidaceae, Amaryllisgewächse

Heimat: Züchtung, die Eltern *C. bulbispermum* × *C. moorei* stammen aus Süd-Afrika; subtropisch, mediterran.
Wuchsform: Aufrecht, horstbildend. Mehrjährige Zwiebelpflanze.
Blatt: 2-zeilig, lanzettlich, 50–100 cm lang, immergrün, überhängend, grün.
Blüte: Trichterförmig, bis 15 cm groß, rosa, sitzen an meterlangen Blütenschäften.
Wuchs-/Blütenhöhe: 60/100 cm.
Frucht: 3-klappige Kapsel.
Standort: Vollsonnig bis halbschattig, in durchlässigen, humosen Böden.
Verwendung: In Gruppen.
Vermehrung: Teilung der Zwiebelhorste im Frühling.
Kultur: In nährstoffreichen Substraten, regelmäßig gießen und düngen. Im Kalthaus überwintern, hell.
Sorten: 'Alba', weiß, Blütenhöhe 60/100 cm.

Crinum × powellii		Crocosmia × crocosmiiflora
Staude, Zwiebelpflanze		Staude, Knollenpflanze
VII–IX		VII–VIII
Sonne bis Halbschatten		Sonne bis Halbschatten
Reisigschutz, Kalthaus		Reisigschutz
Beet, Kübel		Beet, Schnitt

Crocosmia × crocosmiiflora
Garten-Montbretie
Iridaceae, Schwertliliengewächse

Heimat: Züchtung, die Eltern *C. aurea* × *C. pottsii* stammen aus Süd-Afrika; subtropisch, mediterran.
Wuchsform: Aufrecht bis überhängend, horstbildend. Mehrjährige Knollenpflanze.
Blatt: 2-zeilig, schwertförmig, gerippt, schmal, 60–80 cm lang, grün.
Blüte: Trichterförmig, 2,5–4 cm, orangerot, zahlreich an verzweigter Ähre.
Wuchs-/Blütenhöhe: 60–80 cm.
Frucht: 3-klappige Kapsel.
Standort: Vollsonnig bis halbschattig, trockene bis frische Böden.
Verwendung: Staudenflächen.
Vermehrung: Teilung oder Abtrennen der Brutknollen im Frühling.
Kultur: In humosen, durchlässigen Böden. Überwinterung im Freiland möglich, dann ist eine Laubabdeckung ab Herbst günstig. Knollen im Herbst ausgraben, trocken und frostfrei überwintern.
Sorten: 'Aurora', orange.

Crocosmia masoniorum
Montbretie
Iridaceae, Schwertliliengewächse.

Heimat: Süd-Afrika: Transkei; subtropisch.
Wuchsform: Aufrecht bis überhängend. Mehrjährige Knollenpflanze, nicht frosthart.
Blatt: 2-zeilig, schwertförmig, gerippt, 60–75 cm lang, grün.
Blüte: Trichterförmig, orangerot, 3–5 cm groß, verzweigte Ähre.
Wuchs-/Blütenhöhe: 70–100 cm.
Frucht: 3-klappige Kapsel.
Standort: Vollsonnige Lagen in nährstoffreichen Böden.
Verwendung: Beetpflanze.
Vermehrung: Abtrennen der Tochterknollen im Frühling.
Kultur: Humose Substrate. Knollen im Topf ab IV antreiben. Ohne Frostgefahr ab Ende IV in Freiland pflanzen. Knollen im Herbst ausgraben, frostfrei und trocken überwintern.
Sorten: 'Firebird', leuchtend orangerot, großblütig, Wuchshöhe/Blütenhöhe 60–70/70–100 cm.

Crocosmia masoniorum		Cucurbita pepo var. ovifera
Staude, Knollenpflanze		*einjährig*
VII–IX		*VII–IX*
Sonne		*Sonne*
Überwinterungsraum		*–*
Beet, Schnitt		*klettert*

Cucurbita pepo var. ovifera
Zier-Kürbis
Cucurbitaceae, Kürbisgewächse

Heimat: Tropisches Amerika; tropisch.
Wuchsform: Kletternd durch Sprossranken. Einjährig.
Blatt: Wechselständig, herzförmig gelappt, 15–20 cm groß, rau, grün.
Blüte: Trichterblüte, gelb, meist unter den Blättern verborgen.
Wuchs: 20–30 cm (kriechend), 300 cm (kletternd).
Frucht: Hartschalige Beere, in vielen Formen und Farben.
Standort: Sonnig und warm, nährstoffreiche, humose Böden.
Verwendung: Begrünung von Klettergerüsten, Lauben, Pergolen.
Vermehrung: Aussaat in Töpfen unter Glas ab IV, im Freiland ab V. Keimdauer 12–14 Tage.
Kultur: In nährstoffreichen, frischen, humosen Böden.
Sorten: Viele verschiedene Fruchtformen, z. B. Kalebassen.
Hinweise: Früchte vor dem ersten Frost ernten.

Cuphea ignea
Zigarettenblümchen
Lythraceae, Weiderichgewächse

Heimat: Mexiko; subtropisch, tropisch.
Wuchsform: Breitbuschig, stark verzeigt. Halbstrauch, meist einjährig gezogen.
Blatt: Gegenständig, breit lanzettlich, immergrün, 4–5 cm, grün.
Blüte: Langröhrig, dünn, am Ende schwarz und weiß, 2–3 cm lang.
Wuchs-/Blütenhöhe: 30–40/30–40 cm.
Frucht: Kapsel.
Standort: Humose Böden.
Verwendung: Reich blühende Beetpflanze, für Blumenampeln.
Vermehrung: Stecklinge im Herbst, im Vorfrühling von überwinterten Pflanzen.
Kultur: Humose Substrate (Einheitserde), Topfballen dürfen nicht austrocknen. Helle Überwinterung im Kalthaus möglich, bei 12–15 °C, sparsam gießen.
Sorten: 'Medaillon', granatrot, zierlich, 25 cm.
Weitere Arten: *C. hyssopifolia*, hellrot, 40 cm.

Cuphea ignea	Cynara scolymus
einjährig, Halbstrauch	*Staude*
V–X	*VII–IX*
Sonne bis Halbschatten	*Sonne*
Kalthaus	*Kalthaus, Reisigschutz*
Beet, Ampel	*Beet, Schnitt*

Cynara scolymus
Artischocke
Asteraceae, Asterngewächse

Heimat: Mittelmeergebiete; mediterran.
Wuchsform: Breit aufrecht, Blätter überhängend, horstbildend. Staude.
Blatt: Wechselständig, Einzelblatt fiederteilig, eiförmig im Umriss, graugrün, bis 1m lang.
Blüte: Distelartiger Blütenkopf, stahlblaue Zungenblüten, Hüllblätter bedornt, 10–15 cm groß.
Wuchs-/Blütenhöhe: 60–80/120–140 cm.
Fruchtstand: Körbchen, Samen mit Pappus.
Standort: Warm und sonnig, nährstoffreiche, tiefgründige Böden.
Verwendung: Trockenschmuck.
Vermehrung: Aussaat von vorgequollenem Samen im XII–II. Keimdauer 14–20 Tage.
Kultur: Keimlinge in humose Erde pikieren, im V auspflanzen. Sie werden durch eine dicke, mit Folie überzogene Laubschicht vor starkem Frost geschützt.
Sorten: 'Violetta', große violette Knospen, 60–80/120–140 cm.
Besonderes: Die Knospen sind als Feingemüse geschätzt.

Cynoglossum amabile
China-Hundszunge, Sommer-Vergissmeinnicht
Boraginaceae, Boretschgewächse

Heimat: Westchina, Tibet; gemäßigt, submediterran.
Wuchsform: Aufrecht, breitbuschig. Zweijährig, meist einjährig kultiviert.
Blatt: Wechselständig, lanzettlich, immergrün, 5–20 cm lang, stark behaart, graugrün.
Blüte: Sternförmig, 5 mm groß, leuchtend blau, rosa oder rot, in Wickeln.
Wuchs-/Blütenhöhe: 30/40–60 cm.
Frucht: Nüsschen.
Standort: Nährstoffarme Kalkböden.
Verwendung: Steingarten, zu Rosen.
Vermehrung: Direktaussaat ab IV oder Voranzucht unter Glas ab II. Keimdauer 12–20 Tage.
Kultur: Durchlässiger Boden. Nach der Keimung in Töpfe pikieren, ab Mitte V ins Freiland pflanzen.
Sorten: 'Blauer Vogel', 35 cm; 'Firmament', 40 cm; beide kompakt, tiefblau.
Hinweise: Rückschnitt nach der ersten Blüte fördert Nachblühen.

Cynoglossum amabile		Dahlia × hortensis
einjährig, zweijährig		*Staude*
VII–IX		*VII–X*
Sonne bis Halbschatten		*Sonne*
–		*Überwinterungsraum*
Beet		*Beet, Rabatte, Schnitt*

Dahlia × hortensis
Dahlie, Georgine
Asteraceae, Asterngewächse

Heimat: Mexiko; tropisch.
Wuchsform: Straff aufrecht, knollenbildend. Staude, nicht frosthart.
Blatt: Gegenständig, meist 3-teilig, dunkelgrün, Blattrand gesägt.
Blüte: Köpfchen mit Röhren- und Zungenblüten, in vielen Farben und Formen.
Wuchs-/Blütenhöhe: 20/30–200 cm.
Fruchtstand: Köpfchen mit geflügelten Samen.
Standort: Sonnig, tiefgründige, nährstoffreiche Böden ohne Staunässe.
Vermehrung: Teilung der Knollen im Vorfrühling, jedes Teilstück muss ein Auge besitzen. Stecklinge mit Wurzelansatz. Aussaat möglich.
Kultur: Nährstoffreiche, durchlässige Böden. Knollen ab V ins Freiland pflanzen. Nach erstem Frost Knollen trocken und frostfrei überwintern.
Sorten: (Bild: 'Figaro'); 10 Klassen: Einfache, Anemonenblütige, Dekorative Dahlien, Halskrausen-, Seerosen-, Ball-, Pompon-, Cactus-, Semi-Cactus-Dahlien, Diverse.

Datura metel
Stechapfel
Solanaceae, Nachtschattengewächse

Heimat: Tropisches Amerika; tropisch.
Wuchsform: Breit aufrecht, buschig. Einjährig.
Blatt: Wechselständig, elliptisch, gezähnt, 5–16 cm lang, matt grün.
Blüte: Trichterförmig, 5-zählig, 10–18 cm lang, weiß.
Wuchs-/Blütenhöhe: 30/30–100 cm.
Frucht: Kapsel, eiförmig, 5–6 cm, dornig.
Standort: Jeder Boden in sonniger Lage.
Verwendung: Rabattenpflanze.
Vermehrung: Aussaat im Vorfrühling unter Glas. Keimdauer 12–20 Tage.
Kultur: Durchlässiger Boden. Hell und luftig bei 18 °C, ab V ins Freiland pflanzen.
Sorten: 'Weiße Glocke', weiß, bis 150 cm hoch und breit.
Weitere Arten: *D. inoxia*, Blüten weiß, aufrecht, 100 cm.
D. stramonium, weiße Blüte, 100 cm, weltweit verbreitet, kurzlebig.

Datura metel		Dianthus barbatus
einjährig		zweijährig, Staude
V–VII		VI–VIII
Sonne		Sonne
–		Reisigschutz
Beet, Rabatte, Kübel		Beet, Schnitt

Dianthus barbatus
Bart-Nelke
Caryophyllaceae, Nelkengewächse

Heimat: Europa, Asien; gemäßigt, montan.
Wuchsform: Buschig, aufrechte Blütenstängel. Zweijährig oder ausdauernde Staude.
Blatt: Gegenständig, lanzettlich, 5–7 cm lang, grün.
Blüte: Endständig, 2–3 cm, rot, rosa oder weiß, in dichten Trugdolden, duftend.
Wuchs-/Blütenhöhe: 20/30–60 cm.
Frucht: Kapsel.
Standort: Durchlässige Gartenböden.
Verwendung: Haltbare Schnittpflanze.
Vermehrung: Aussaat im Sommer direkt an Ort und Stelle, im Winter durch Laubabdeckung vor starken Frösten schützen. Bei einjähriger Kultur Aussaat von II–IV.
Kultur: Nährstoffreiche, humose Erde.
Sorten: 'Red Empress', scharlachrot, Wuchshöhe/Blütenhöhe 20/30–60 cm.
Hinweise: Pilzkrankheiten vorbeugend bekämpfen.

Dianthus caryophyllus
Edel-Nelke, Garten-Nelke
Caryophyllaceae, Nelkengewächse

Heimat: Süd-Europa, Mittelmeergebiete, in Kultur vielfältige Rassen; mediterran.
Wuchsform: Aufrecht, horstbildend. Ein- bis mehrjährig.
Blatt: Gegenständig, schmal lanzettlich, 4–8 cm, blaugrün.
Blüte: Meist gefüllte Blütenköpfe, an langen Stängeln und in vielen Farben.
Wuchs-/Blütenhöhe: 30/50–90 cm.
Frucht: Kapsel.
Standort: Humose Böden.
Verwendung: Schnittpflanze.
Vermehrung: Aussaat ab II im Haus. Schnittsorten durch Stecklinge, sandig humoses Substrat, kühl und hell kultivieren.
Kultur: Für Schnittblumenkultur von I–V ins Haus pflanzen, Beete desinfizieren.
Sorten: Viele Sorten und Rassen, z.B. 'Liliput Rosa', rosa, 20 cm, einjährig; „Chabaud-Nelken-Prachtmischung", alle Farben, 40–50 cm.

Dianthus caryophyllus		Dianthus chinensis
einjährig, mehrjährig		*einjährig, zweijährig*
V–VII		*VII–IX*
Sonne		*Sonne*
–		*Reisigschutz*
Beet, Rabatte, Balkon		*Beet, Gefäße, Schnitt*

Dianthus chinensis
Chineser-Nelke, Heddewigs-Nelke
Caryophyllaceae, Nelkengewächse

Heimat: Ost-Asien; gemäßigt.
Wuchsform: Buschig, kompakt. Ein- bis zweijährig.
Blatt: Gegenständig, linealisch, 3–7 cm lang, grün.
Blüte: Einzelblüte 2–3 cm, rosa, rot oder weiß, in endständigen Trugdolden.
Wuchs-/Blütenhöhe: 10/20–25 cm.
Frucht: Kapsel.
Standort: Durchlässige, kalkreiche Böden in voller Sonne.
Verwendung: Schnittpflanze.
Vermehrung: Aussaat von I–IV.
Kultur: Durchlässiger Boden. Nach der Keimung tuffweise in Töpfe pikieren, ab V ins Freie pflanzen.
Sorten: 'Telstar'-F1-Hybriden, reich blühend, mehrere Farbtöne, Wuchshöhe/Blütenhöhe 10/20–25 cm.
Hinweise: Rückschnitt nach dem ersten Flor fördert die Nachblüte. Anfällig gegenüber Pilzkrankheiten, Blattläusen, Spinnmilben.

Dimorphotheca sinuata
Kapkörbchen, Kapringelblume
Asteraceae, Asterngewächse

Heimat: Süd-Afrika; subtropisch, mediterran.
Wuchsform: Buschig, Blütenstiele aufrecht. Einjährig.
Blatt: Wechselständig, lanzettlich, 4–7 cm lang, glänzend, mittelgrün.
Blüte: Körbchen mit langen Zungenblüten, 5–8 cm groß, orange.
Wuchs-/Blütenhöhe: 20/25–40 cm.
Frucht: Achäne.
Standort: Durchlässige Böden auf vollsonnigen, warmen Plätzen.
Verwendung: Steingarten, für Pflanzgefäße, Schnittpflanze.
Vermehrung: Aussaat II–III unter Glas.
Kultur: Durchlässiger Boden. Nach der Keimung tuffweise pikieren, ab V ins Freie pflanzen.
Sorten: 'Tetra Goliath', großblumig, orange, Schnittsorte, Blütenhöhe 25–40 cm.
Hinweise: Neben orange gibt es auch weiße, gelbe, rosa oder violette Sorten.

Dimorphotheca sinuata		Dorotheanthus bellidiformis
einjährig		*einjährig, Sukkulente*
VI–VIII		*VII–IX*
Sonne		*Sonne*
–		–
Beet, Rabatte, Schnitt		*Rabatte, Boden*

Dorotheanthus bellidiformis
Mittagsblume
Aizoaceae, Mittagsblumengewächse

Heimat: Süd-Afrika: Kapland; subtropisch.
Wuchsform: Matten bildend, kriechend. Einjährige Sukkulente.
Blatt: Gegenständig, lanzettlich, dickfleischig, 3–8 cm lang, blaugrün.
Blüte: Körbchen mit vielen Strahlenblüten, bis 4 cm, weiß, rosa, rot.
Wuchs-/Blütenhöhe: 5/10 cm.
Frucht: Kapsel.
Standort: Trockene, auch sandige Böden in vollsonnigen Lagen, keine Staunässe.
Verwendung: Bodendecker in Sukkulentengärten, im Steingarten.
Vermehrung: Aussaat im V an Ort und Stelle. Keimdauer 12–20 Tage.
Kultur: Sandiger Boden. Nach den Eisheiligen ins Freie pflanzen.
Sorten: Nur Farbmischungen im Handel.
Hinweise: Blüten öffnen sich nur bei voller Sonne.

Eccremocarpus scaber
Schönranke
Bignoniaceae, Trompetenblumengewächse

Heimat: Ecuador bis Chile; subtropisch, tropisch.
Wuchsform: Ranker, schnell wachsend. Meist einjährig kultiviert.
Blatt: Gegenständig, 10–15 cm, doppelt gefiedert, Spitze als Ranke umgebildet, hellgrün.
Blüte: Röhrenblüten, 3 cm, orangegelb, in einer Traube in den Blattachseln.
Wuchs-/Blütenhöhe: 200–300/200–300 cm.
Frucht: Kapsel.
Standort: Durchlässige, nährstoffreiche Böden in sonniger Lage.
Verwendung: Begrünung von Zäunen, Rankgerüsten, Mauern.
Vermehrung: Aussaat unter Glas von III–IV. Keimdauer 12–20 Tage.
Kultur: In Töpfen vorgezogene, aufgebundene Pflanzen ab V ins Freie pflanzen. Kübelpflanzen können hell, bei 12–15 °C im Kalthaus überwintert werden.
Sorten: 'Aureus', gelbe Blüten.
Hinweise: Außergewöhnliche Pflanze.

Echium wildpretii
Teide-Natternkopf
Boraginaceae, Boretschgewächse

Heimat: Kanarische Inseln; mediterran.
Wuchsform: Im 1. Jahr rosettenbildend, dann kegelförmig. Zweijährig kultiviert, in der Heimat kurzlebige Staude.
Blatt: Wechselständig, lanzettlich, 20 cm lang, graugrün behaart.
Blüte: Glockenförmig, 1 cm groß, rot, in Wickeln.
Wuchs-/Blütenhöhe: 50/200–250 cm.
Frucht: Nüsschen.
Standort: Durchlässige, steinige Böden.
Verwendung: Beet- und Rabattenpflanze für Einzelstand.
Vermehrung: Aussaat im Sommer.
Kultur: Einheitserde-Sand-Gemisch. Jungpflanzen frostfrei überwintern, ab V ins Freie pflanzen.
Weitere Arten: *E. pininana*, blau; *E. simplex*, weiß, beide 180–250 cm.
Besonderes: Pflanze stirbt nach der Blüte ab (monokarpisch).
Hinweise: Blüht von V–VI in den Cañadas auf Teneriffa in 2000 m Höhe.

einjährig		*zweijährig*
VI–X		*V–VII*
Sonne		*Sonne*
Kalthaus		*Kalthaus*
Kübel, klettert		*Beet, Kübel, Rabatte*

Eremurus × isabellinus 'Ruiter-Hybriden'
Ruiter's Steppenkerze
Asphodelaceae, Affodillgewächse

Heimat: Züchtung; gemäßigt.
Wuchsform: Horstbildend, Wurzeln seesternartig, Blütenstiel steif aufrecht. Staude.
Blatt: Rosettig, schmal, linealisch, 40–60 cm, graugrün, zieht nach der Blüte ein.
Blüte: Sternförmige Einzelblüten an schmaler Blütenkerze, 1–2 cm, gelb-orange.
Wuchs-/Blütenhöhe: 30/150 cm.
Frucht: Kugelig, 1 cm groß, enthält kantige Samen.
Standort: Nöhrstoffreiche, durchlässige Böden in voller Sonne.
Verwendung: Bienenweide.
Vermehrung: Aussaat sofort nach der Samenernte. 2–3 Samen je Topf legen. Keimdauer 14–20 Tage.
Kultur: In durchlässigem Substrat, sparsam gießen. Reisigabdeckung.
Sorten: 'Feuerfackel', orange; 'Moonlight', gelb; je 30/150 cm.
Hinweise: Wurzeln bei der Pflanzung in 3–5 cm starke Sandschicht legen.

Erica gracilis
Glocken-Heide
Ericaceae, Heidekrautgewächse

Heimat: Süd-Afrika; mediterran.
Wuchsform: Breitbuschig, aufrecht. Nicht frostharter Zwergstrauch.
Blatt: Quirlständig, nadelförmig, 2–3 mm lang, grün.
Blüte: Glöckchen, 3–4 mm lang, rot oder weiß, in 10–30 cm langen Rispen
Wuchs-/Blütenhöhe: 30/40–50 cm.
Frucht: Kapsel.
Standort: Sandig humose, saure Böden in voller Sonne.
Verwendung: Für Balkonkästen und Pflanzgefäße, zur Grabbepflanzung.
Vermehrung: Stecklinge im Februar, nur in Spezialbetrieben.
Kultur: In sauren Substraten; Gemisch aus Nadelerde, Torf und Sand. Um Verzweigung zu fördern, mehrmals stutzen. Im Kalthaus hell und frostfrei überwintern, bei 12–15 °C.
Sorten: 'Glasers Rote', rot, Wuchshöhe/Blütenhöhe 30/40–50 cm.
Hinweise: Auf Pilzkrankheiten achten.

Staude		Strauch
VI–VII		IX–XII
Sonne		Sonne
Reisigschutz		Kalthaus
Beet, Schnitt		Balkon, Grab

Erysimum × allionii
Schöterich
Brassicaceae, Kohlgewächse

Heimat: Eltern vermutlich *E. ochroleucum* × *E. perovskianum*, Mittelmeerraum; mediterran.
Wuchsform: Aufrecht, horstbildend. Zweijährig, auch einjährig kultiviert.
Blatt: Wechselständig, breit lanzettlich, 3–4 cm, grün.
Blüte: 4-zählige Kreuzblüten, 1,5 cm groß, orange, in Trauben.
Wuchs-/Blütenhöhe: 20/30–40 cm.
Frucht: Schote.
Standort: Nährstoffreiche Gartenböden in voller Sonne.
Verwendung: Reich blühend, für größere Flächen zusammen mit Vergissmeinnicht und Tulpen, für Pflanzgefäße.
Vermehrung: Für Herbstblüte Aussaat an Ort und Stelle von III–IV. Bei zweijähriger Kultur Aussaat VII–VIII.
Kultur: Durchlässiger Boden. Nach der Keimung vereinzeln.
Sorten: 'Gruppengold', goldgelb, 40 cm; 'Orangekönigin', orange, 45 cm.

einjährig, zweijährig		*zweijährig*
IV–VI		*IV–VI*
Sonne		*Sonne*
Reisigschutz		*Reisigschutz*
Beet, Gefäße, Schnitt		*Beet, Schnitt*

Erysimum cheiri
(Syn. *Cheiranthus cheiri*)
Goldlack
Brassicaceae, Kohlgewächse

Heimat: Südöstliches Europa; mediterran.
Wuchsform: Aufrecht, buschig, Triebe verholzen am Grund. Zweijährig.
Blatt: Wechselständig, breit lanzettlich, immergrün, 7–8 cm, grüngrau.
Blüte: Kreuzförmig, 4-zählig, 2–3 cm groß, gelb, orange oder rotbraun, in Trauben, süß duftend.
Wuchs-/Blütenhöhe: 20/30–70 cm.
Frucht: Schote.
Standort: Durchlässige Kalkböden.
Verwendung: Beet- und Rabattenpflanze, für Einfassungen, Kübelpflanze, Schnittpflanze.
Vermehrung: Aussaat von V–VII (Dunkelkeimer), später vereinzeln. Keimdauer 7–14 Tage.
Kultur: Durchlässiger Boden. Im Freiland auspflanzen ab VIII.
Sorten: 'Goliath', dunkel braunrot, 50 cm; 'Vulkan', blutrot, 50 cm.
Hinweise: Auf Falschen Mehltau und Grauschimmel achten.

Erythrina crista-galli
Korallenstrauch
Fabaceae, Hülsenfrüchtler

Heimat: Brasilien, Paraguay, Bolivien, Argentinien; tropisch, subtropisch.
Wuchsform: Aufrecht, buschig, Triebe oft bedornt, verholzend. Strauch.
Blatt: Wechselständig, 3-zählig gefingert, 12–15 cm lange Blattspreite, graugrün.
Blüte: Disymmetrisch, fleischig, 5 cm lang, kirschrot, in langer Traube.
Wuchs-/Blütenhöhe: 100/150 cm, in der Heimat bis 800 cm hoher Kleinbaum.
Frucht: Hülse, 12–15 cm lang.
Standort: Nährstoffreiche Böden.
Verwendung: Einzelstellung.
Vermehrung: Kopfstecklinge mit Stammansatz im Frühling.
Kultur: In nährstoffreicher, humoser Erde. Im Sommer wöchentlich düngen und reichlich wässern. Im Herbst Triebe dicht am Stamm abschneiden, Mutterpflanze bei 5–8 °C völlig trocken überwintern, in Ruhezeit auch dunkel. Frostempfindlich, erst ab V wieder ins Freie stellen.

Erythrina crista-galli		Eschscholzia californica
Strauch		*einjährig*
V–IX		*VI–X*
Sonne		*Sonne*
Überwinterungsraum		–
Kübel		*Beet, Rabatte*

Eschscholzia californica
Kalifornischer Kappenmohn, Goldmohn, Schlafmützchen
Papaveraceae, Mohngewächse

Heimat: Östliches Nordamerika; subtropisch, mediterran.
Wuchsform: Buschig, vieltriebig. In der Heimat zweijährig bis ausdauernd, bei uns einjährig.
Blatt: Wechselständig, fein zerteilt, 6–8 cm, graugrün.
Blüte: Becherförmig, 6–8 cm groß, orange, weiß oder gelb, einfach oder gefüllt.
Wuchs-/Blütenhöhe: 20/30–50 cm.
Frucht: Langgezogene Kapsel, 6–8 cm lang.
Standort: Nährstoffarme, durchlässige Böden in voller Sonne, sehr wärmeliebend.
Verwendung: Rabattenpflanze, im Steingarten.
Vermehrung: Aussaat an Ort und Stelle von IV–VI, auch Selbstaussaat. Keimdauer 8–14 Tage.
Kultur: Durchlässiger Boden. Nach der Keimung vereinzeln.
Sorten: 'Dalli', orangerot 15–25 cm.

Eucomis bicolor

Schopflilie, Ananaslilie
Hyacinthaceae, Hyazinthengewächse

Heimat: Süd-Afrika: Natal; subtropisch, mediterran.

Wuchsform: Aufrechter Blütentrieb mit auffälligem Blattschopf, ähnlich der Ananas. Mehrjährige Zwiebelpflanze. Zieht Blätter ein.

Blatt: Wechselständig, breit ovale Grundblätter, bis 40 cm lang, grün, braun punktiert.

Blüte: Am Blütenschaft sitzen viele Sternblüten, 1–2 cm groß, gelbgrün, brauner Rand.

Wuchs-/Blütenhöhe: 50–60 cm.

Frucht: Kapsel.

Standort: Lockere, tiefgründige Böden in voller Sonne.

Verwendung: Gruppenpflanze.

Vermehrung: Abtrennen der Brutzwiebeln im Frühling.

Kultur: Humoser Boden. Brutzwiebeln ab III eintopfen, ab V ins Freie pflanzen. Nach dem Einziehen im Herbst frostfrei und hell überwintern.

Sorte: ‘Alba’, cremeweiß.

Euphorbia fulgens

Korallenranke
Euphorbiaceae, Wolfsmilchgewächse

Heimat: Mexiko; tropisch.

Wuchsform: Locker, aufrecht bis überhängend. Nicht frostharter Strauch.

Blatt: Wechselständig, elliptisch, 6–10 cm lang.

Blüte: Kleine 5-zählige Sternchen, 1–2 cm, rot, gelb oder weiß, sitzen in den Blattachseln.

Wuchs-/Blütenhöhe: 40–100 cm.

Frucht: Kapsel.

Standort: Unter Glas, hell und luftig, humose Böden, pH-Wert bei 6–6,5.

Verwendung: Schnittblume für die Wintermonate. Blüteninduzierung beginnt im X.

Vermehrung: Stecklinge im Frühling, meist in Spezialbetrieben.

Kultur: Humoser Boden. Kurztagsbehandlung durch Verdunkeln von Ende III bis Anfang X zwischen 17–8 Uhr. Kritische Tageslänge 12 Stunden. Bei 20–22 °C etwa 8–10 Wochen bis zur Blüte, salzempfindliche Pflanze.

Eucomis bicolor		Euphorbia fulgens
Staude, Zwiebelpflanze		*Strauch*
VI–IX		*XII–II*
Sonne		*Sonne*
Überwinterungsraum		*Warmhaus*
Beet, Kübel		*Schnitt*

Euryops abrotanifolius
Eberrauten-Kap-Margerite
Asteraceae, Asterngewächse

Heimat: Südliches Afrika; mediterran.
Wuchsform: Buschig, aufrecht. Strauch.
Blatt: Wechselständig, fein zerteilt, immergrün, 3–5 cm groß, matt grün.
Blüte: Körbchen mit goldgelben Röhren- und Zungenblüten, 4–5 cm groß.
Wuchs-/Blütenhöhe: 60/90 cm.
Fruchtstand: Körbchen, Achäne.
Standort: Durchlässige Böden in voller Sonne, trockene Standorte.
Verwendung: Beetpflanze für Einzelstand, Kübelpflanze für Terrasse und Wintergarten.
Vermehrung: Stecklinge im Sommer oder im Frühjahr von überwinterten Pflanzen.
Kultur: Nach der Bewurzelung in Einheitserde mit Perlitezusatz topfen, im Sommer viel gießen und düngen. Mehrmals entspitzen. Helle Überwinterung im Kalthaus bei 12–15 °C.
Weitere Arten: *E. pectinatus* (Bild).
Hinweise: Auf Blattläuse und Minierfliegen achten.

Strauch		*zweijährig*
V–IX		*VII–VIII*
Sonne		*hell, absonnig*
Kalthaus		*temperiertes Haus*
Beet, Kübel		*Beet, Topf, Schnitt*

Eustoma grandiflorum
(Syn. *Lisianthus russelianus*)
Prärieenzian, Schönkelch
Gentianaceae, Enziangewächse

Heimat: Südliche und mittlere USA; submediterran, subtropisch.
Wuchsform: Aufrecht, horstbildend. Zweijährig.
Blatt: Gegenständig, lanzettlich, 8–10 cm, bläulich bereift.
Blüte: Glockenförmig, 5–8 cm groß, weiß, blau, rötlich, auch gefüllte Sorten.
Wuchs-/Blütenhöhe: 30/40–60 cm.
Frucht: Kapsel.
Standort: Durchlässige Humusböden, nicht in vollsonniger Lage.
Verwendung: Topf und Schnittpflanze für kühle Räume, ausgepflanzt in Sommerblumenbeete.
Vermehrung: Aussaat von X–III in lockere, nährstoffarme Erde, pH-Wert 6–6,5. Lichtkeimer.
Kultur: Humoser Boden. Zur besseren Verzweigung entspitzen.
Sorten: 'Spray' F1-Hybriden.
Hinweise: Gleichmäßig feucht halten.

Felicia amelloides
Blaues Gänseblümchen, Kapaster
Asteraceae, Asterngewächse

Heimat: Süd-Afrika; subtropisch, mediterran.
Wuchsform: Buschig, vieltriebig, Nicht frostharte Staude bis Halbstrauch, meist einjährig gezogen.
Blatt: Wechselständig, lanzettlich, immergrün, 2–4 cm lang, grün.
Blüte: Körbchen mit gelben Röhren- und blauen Zungenblüten, 2–4 cm.
Wuchs-/Blütenhöhe: 15/35–60 cm.
Fruchtstand: Körbchen.
Standort: Durchlässige Böden.
Verwendung: Rabatten, Steingarten.
Vermehrung: Stecklinge von VIII–IX, seltener Aussaat von II–III.
Kultur: Durchlässiger Boden. Im Herbst eintopfen, frostfrei und hell überwintern bei 12–18 °C.
Sorten: 'Variegata', gelbweiß-grün. Wuchshöhe/Blütenhöhe 15/35–50 cm.
Besonderes: Im Kalthaus überwintern.

Ficus carica
Echter Feigenbaum
Moraceae, Maulbeergewächse

Heimat: Mittelmeergebiete bis Indien, schon über 3000 Jahre in Kultur; mediterran, subtropisch.
Wuchsform: Breit ausladend, mehrstämmig. Baum oder großer Strauch.
Blatt: Wechselständig, handförmig, 3-bis 5-lappig, sommergrün, 15–25 cm lang und breit, behaart.
Blüte: Krugförmig, 1 mm, unscheinbar, winzig, Bestäubung durch Gallwespen.
Wuchs-/Blütenhöhe: 300–500 cm. In der Heimat 10–15 m.
Frucht: Essbare Feige, birnenförmig, 3–7 cm, aromatisch.
Standort: Vollsonnige, durchlässige Böden, milde Klimagebiete.
Vermehrung: Stecklinge im Sommer.
Kultur: Nährstoffreicher Boden. In frostgefährdeten Gebieten Kübel erst ab V ins Freie stellen, viel gießen und düngen. Ab X wieder ins Kalthaus, bei 12–15 °C hell überwintern.
Hinweise: Bei Kübelkultur besser nur selbstfruchtbare Sorten verwenden, weil hier der Bestäuber fehlt.

einjährig (Staude, Halbstr.)		*Strauch (Baum)*
V–X		*IV–IX*
Sonne		*Sonne*
Kalthaus, temperiert		*Reisigschutz, Kalthaus*
Kübel, Rabatte, Balkon		*Kübel*

Freesia refracta
Freesie
Iridaceae, Schwertliliengewächse

Heimat: Süd-Afrika: Kapland; submediterran, subtropisch.
Wuchsform: Aufrecht, Triebe überhängend, horstbildend. Staude mit Rhizomknolle.
Blatt: Wechselständig, schwertförmig, schmal, bis 30 cm lang, grün.
Blüte: Trichterförmig, 5–7 cm lang, in verschiedenen Farbtönen von weiß bis rot, auch gefüllt, an einseitigen Wickeln, duftend.
Wuchs-/Blütenhöhe: 30/50–100 cm.
Frucht: Kapsel.
Standort: Durchlässige, warme Böden in sonniger Lage.
Vermehrung: Abtrennen von Brutknöllchen oder Aussaat von III–IV (Dunkelkeimer).
Kultur: Durchlässiger Boden. Knollen ab IV ins Freiland. Frostfrei und trocken überwintern.
Sorten: 'Aurora', gelb; 'Royal Blue', blau; 'White Swan', weiß. (Bild: 'Oberon').
Hinweise: Auf Pilzkrankheiten achten.

Freesia refracta		Fuchsia magellanica
Staude, Knollenpflanze		Strauch
(ganzjährig)		V–X
Sonne		Halbschatten
Überwinterungsraum		Reisigschutz, Kalthaus
Beet, Kübel, Schnitt		Beet, Kübel

Fuchsia magellanica
Scharlach-Fuchsie
Onagraceae, Nachtkerzengewächse

Heimat: Argentinien, Chile; mediterran.
Wuchsform: Breit aufrecht, feintriebig. Strauch.
Blatt: Zu dritt in Quirlen, lanzettlich, 3–5 cm lang, grün.
Blüte: Röhrenförmig, 4-zählig, 3–5 cm lang, Sepalen rot, Petalen purpurn, Staubgefäße ragen weit hervor, achselständig.
Wuchs-/Blütenhöhe: 100–200 cm. In der Heimat bis 500 cm hoch.
Frucht: Beere, 1 cm lang.
Standort: Humose Böden.
Verwendung: Einzelstand, Hecken.
Vermehrung: Stecklinge im Frühling.
Kultur: In Einheitserde, Substrat nicht austrocknen lassen. Dunkel und kühl, aber frostfrei (unter 10 °C) überwintern.
Sorten: 'Riccartonii', 200–300 cm hoch.
Hinweise: Blüht bei heller Überwinterung mit über 10 °C weiter.

Fuchsia triphylla
Traubenblättrige Fuchsie
Onagraceae, Nachtkerzengewächse

Heimat: Hispaniola; tropisch, subtropisch.
Wuchsform: Aufrecht, Triebe überhängend, kleinwüchsig. Halbstrauch.
Blatt: Zu dritt in Quirlen, breit lanzettlich, 6–8 cm lang, dunkelgrün, unterseits rot.
Blüte: Langröhrig, 5–6 cm lang, rot, in endständiger Traube.
Wuchs-/Blütenhöhe: 50–60 cm.
Frucht: Beere.
Standort: Humose Böden.
Verwendung: Kübelpflanze.
Vermehrung: Stecklinge im Frühling oder Herbst, dabei Blütenknospen entfernen.
Kultur: Humoser Boden. Im Sommer reichlich gießen und düngen. Ab X ins Kalthaus einräumen, hell, bei 12–18 °C überwintern. Empfindlich gegen Spätfröste.
Sorten: 'Andenken an Heinrich Henkel' (Bild), rotorange, 50 cm hoch.

Halbstrauch		*Strauch*
V–X		*V–X*
Halbschatten		*Halbschatten*
Kalthaus, temperiert		*Kalthaus*
Beet, Kübel		*Beet, Balkon, Grab*

Fuchsia-Hybriden
Fuchsie
Onagraceae, Nachtkerzengewächse

Heimat: Züchtung. Ausgangsarten stammen aus Mittel- und Südamerika sowie Neuseeland; tropisch, subtropisch.
Wuchsform: Aufrecht oder hängend, buschig oder als Stämmchen gezogen. Strauch.
Blatt: Gegenständig, breit lanzettlich, 6–8 cm.
Blüte: 4-teilig, je nach Sorte 4–10 cm groß, meist hängend, Sepalen und Petalen oft unterschiedlich gefärbt, Farben reichen von Weiß, Rot, Rosa bis Blau und Violett, Staubblätter ragen lang heraus.
Wuchs-/Blütenhöhe: 50–200 cm.
Frucht: Beere.
Standort: Humose Böden.
Verwendung: Balkonpflanze, für Pflanzgefäße aller Art.
Vermehrung: Stecklinge im Frühling.
Kultur: Durchlässiger Boden. Überwinterung im Kalthaus, hell, bei 12–15 °C.
Sorten: 'Deutsche Perle', weiß-hellrot (Bild: 'Schwabenland').

Gaillardia pulchella
Kurzlebige Kokardenblume
Asteraceae, Asterngewächse

Heimat: Südöstliche USA; subtropisch.
Wuchsform: Aufrecht, buschig. Einjährig.
Blatt: Wechselständig, linealisch, 6–8 cm, gezähnter Rand, rau, grau.
Blüte: Körbchen, 6–8 cm groß, Zungenblüten gelb, weiß, rot oder orange, auch gefüllt, Röhrenblüten purpur.
Wuchs-/Blütenhöhe: 20/30–70 cm.
Fruchtstand: Körbchen, Samen mit Pappus.
Standort: Tiefgründige, durchlässige Böden in voller Sonne.
Verwendung: Beet- und Rabattenpflanze, Kübelpflanze, prächtige Schnittpflanze.
Vermehrung: Aussaat im III unter Glas, anschließend pikieren. Keimdauer 12–20 Tage.
Kultur: Ab Mitte V ins Freiland pflanzen, in nährstoffreiche Böden.
Sorten: 'Lorenziana', gefüllte Farbmischung; 'Tetra', blutrot, einfach; Wuchshöhe/Blütenhöhe: 30–50 cm.

einjährig		*Staude*
VI–IX		*V–VI*
Sonne		*Halbschatten, Schatten*
–		*Reisigschutz*
Beet, schnitt		*Boden, Schnitt*

Galax urceolata
(Syn. *G. aphylla*)
Bronzeblatt
Diapensiaceae, Diapensiengewächse

Heimat: Nordöstliche USA; gemäßigt.
Wuchsform: Breitbuschig, schmale langstielige Blütentriebe, Ausläufer bildend, immergrün.
Blatt: Wechselständig, herzförmig, 5–6 cm groß, lederartig, glänzend grün.
Blüte: Radiär, 5-zählig, 1 cm, weiß, in dichten Ähren.
Wuchs-/Blütenhöhe: 20/30 cm.
Frucht: 5-fächerige Kapsel.
Standort: Humose, saure Böden im Schatten und Halbschatten.
Verwendung: Bodendecker vor und unter Gehölzen, gut zu Rhododendron, im Steingarten, Schnittpflanze.
Vermehrung: Teilung der Ausläufer im Vorfrühling.
Kultur: Saure Substrate, z.B. TKS oder Rhodohum. In Winter vor Barfrösten schützen.
Hinweise: Die lang gestielten Blätter werden in der Floristik verwendet.

Gaultheria shallon
Shallon-Scheinbeere,
Hohe Teppichbeere, Salal
Ericaceae, Heidekrautgewächse

Heimat: Westliches Nordamerika; gemäßigt.
Wuchsform: Kriechend, teppichartig, unterirdischer, sich ausbreitender Wurzelstock, aufrechte Zweige. Zwergstrauch.
Blatt: Wechselständig, eiförmig, bis 10 cm lang, glänzend dunkelgrün.
Blüte: Glockenförmig, 1–1,5 cm, cremeweiß, in Trauben.
Wuchs-/Blütenhöhe: 20–60/20–60 cm. In der Heimat bis 200 cm hoch.
Frucht: Beere, schwarz, 1 cm groß, werden von Bären geschätzt.
Standort: Saure Humusböden.
Verwendung: Mittelhoher Bodendecker, Schnittpflanze.
Vermehrung: Teilung der Horste im Vorfrühling.
Kultur: Jungpflanzen in Töpfen mit TKS vorkultivieren oder sofort an Ort und Stelle pflanzen.
Hinweise: Die Zweige werden in der Floristik geschätzt.

Strauch		*einjährig*
V–VI		*V–VIII*
Halbschatten, Schatten		*Sonne*
frosthart		–
Boden, Schnitt		*Beet, Rabatte, Gefäße*

Gazania rigens
Gazanie, Mittagsgold
Asteraceae, Asterngewächse

Heimat: Südliches Afrika; mediterran.
Wuchsform: Horstbildend, aufrechte Blütenstiele, flache, bodennahe Blattrosette. Einjährig.
Blatt: Rosette, Einzelblatt linealisch, 15–20 cm lang, grün, unterseits silbrig.
Blüte: Körbchen, 3 cm groß, an langen Stielen, je nach Sorte goldgelb, gelb-orange, kupfer mit braun oder weiß.
Wuchs-/Blütenhöhe: 20/30 cm.
Fruchtstand: Körbchen.
Standort: Durchlässige Böden in voller Sonne.
Verwendung: Rabattenpflanze, für Pflanzgefäße, im Steingarten.
Vermehrung: Aussaat von II–IV unter Glas. Keimdauer 7–14 Tage.
Sorten auch durch Stecklinge im Spätsommer/Herbst.
Kultur: Durchlässiger Boden. Keimlinge in Töpfe pikieren, ab V ins Freiland pflanzen.
Sorten: 10 cm große Blüten. 'Morgensonne'. Orange mit schwarzem Ring.

Gerbera jamesonii
Gerbera
Asteraceae, Asterngewächse

Heimat: Süd-Afrika; mediterran, subtropisch.
Wuchsform: Buschig, Blütenstiele aufrecht, Blätter geneigt. Staude, nicht frosthart.
Blatt: In Rosetten, Einzelblatt eiförmig zugespitzt, am Rand gebuchtet, 20 cm, grün.
Blüte: Köpfchen mit langen Zungenblüten, viele Farben, auch gefüllte Sorten.
Wuchs-/Blütenhöhe: 25–30/40–60 cm (Topfsorten), bis 90 cm (Schnittsorten).
Frucht: Achäne.
Standort: Sonnig, durchlässige, humose Substrate.
Verwendung: Topfpflanze.
Vermehrung: Aussaat im IX oder Frühling. Sorten durch Teilung und Stecklinge.
Kultur: Einheitserde mit Sandzusatz. Nur unter Glas bei 20 °C.
Sorten: Viele Rassen und Sorten, z.B. 'Festival Rot', rot. (Bild: 'Rotelli').
Hinweise: Blattläuse, Weiße Fliege, Minierfliegen und Mehltau rechtzeitig bekämpfen.

Staude		*Staude, Knollenpflanze*
I–XII		*VII–VIII*
Sonne		*Sonne*
temperiertes Haus		*Überwinterungsraum*
Balkon, Topf, Schnitt		*Beet, Rabatte, schnitt*

Gladiolus callianthus 'Murielae'
(Syn. *Acidanthera bicolor var. murielae*)
Stern-Gladiole
Iridaceae, Schwertliliengewächse

Heimat: Äthiopien; submediterran.
Wuchsform: Aufrecht. Knollenbildende Staude.
Blatt: 2-zeilig, schwertförmig, linealisch, bis 60 cm.
Blüte: Trichterförmig, disymmetrisch, 5 cm groß, cremeweiß mit purpurnen Schlundflecken, in Ähren, duftend.
Wuchs-/Blütenhöhe: 60/100 cm.
Frucht: 3-klappige Kapsel.
Standort: Durchlässige Böden.
Verwendung: In Gruppen.
Vermehrung: Brutknöllchen im Frühling in Töpfe stecken, Einheitserde.
Kultur: Im III in normalen Gartenboden pflanzen, mäßige Feuchte. Knollen frostfrei überwintern.
Sorten: 'Zwanenburg', weiß mit rotem Schlund.
Hinweise: 'Murielae' ist eleganter als viele andere Gladiolen-Sorten.

Gladiolus-Hybriden
Gladiole
Iridaceae, Schwertliliengewächse

Heimat: 180 Arten, vorwiegend in Afrika, viele Kreuzungen; submediterran.
Wuchsform: Aufrecht. Knollenbildende Staude.
Blatt: 2-zeilig, schwertförmig, linealisch, bis 60 cm.
Blüte: Sehr große Trichterblüten, 5–10 cm groß, in allen Farben, Formen und Füllungsgraden.
Wuchs-/Blütenhöhe: 60/80–150 cm.
Frucht: 3-klappige Kapsel.
Standort: Durchlässige Böden.
Verwendung: In Gruppen.
Vermehrung: Brutknöllchen im Frühling auspflanzen, brauchen dann zwei Jahre bis zur Blüte.
Kultur: Im April 10 cm tief in normalen Gartenboden auspflanzen, mäßig feucht halten. Knollen im Herbst ausgraben, trocken und frostfrei überwintern.
Sorten: Butterfly-Gladiolen, Colvillei-Gladiolen, Grandiflorus-, Nanus- und Primulinus-Gruppe. (Bild: Sorte der Primulinus-Gruppe).
Hinweis: Schäden durch Blasenfuß.

Staude, Knollenpflanze		*einjährig*
VII–VIII		*VII–X*
Sonne		*Sonne*
Überwinterungsraum		*–*
Beet, Schnitt		*Beet, Rabatte, Schnitt*

Gomphrena globosa
Kugelamarant
Amaranthaceae, Fuchsschwanzgewächse

Heimat: Indien, verbreitet im tropischen Amerika; subtropisch, tropisch.
Wuchsform: Aufrecht, buschig. Einjährig.
Blatt: Gegenständig, breit lanzettlich, 3–5 cm, rau.
Blüte: In kugeligen Köpfchen, 2–3 cm groß, rot, rosa oder weiß.
Wuchs-/Blütenhöhe: 10–20/30–50 cm.
Fruchtstand: Köpfchen.
Standort: Durchlässige Gartenböden.
Verwendung: Beet- und Rabattenpflanze, hohe Sorten als Schnittpflanze, Trockenschmuck.
Vermehrung: Aussaat von III–IV. Man rechnet 2–5 g Saatgut für 1000 Pflanzen.
Kultur: In humoser Erde, im V ins Freie pflanzen. Staunässe meiden.
Sorten: 'Orangerot', orange, 40 cm; 'Feuerrot', rot, 60 cm; 'Buddy', rot, 25 cm.
Hinweise: Anfällig für Pilzkrankheiten.

Goniolimon tataricum
Tataren-Blauschleier
Plumbaginaceae, Bleiwurzgewächse

Heimat: Südostrussland, Asien; subtropisch.
Wuchsform: Aufrecht, horstbildend, feintriebig. Frostharte Staude.
Blatt: In grundständiger Rosette angeordnet, Einzelblatt spatelförmig, 6–10 cm, graugrün.
Blüte: Radiär, 5 mm groß, weiß mit rotem Krönchen, in vielfach verzweigter Doldentraube.
Wuchs-/Blütenhöhe: 15/25–30 cm.
Frucht: Samen mit Pappus.
Standort: Durchlässige Böden in vollsonniger Lage. Für Gebiete mit trockenen Sommermonaten.
Verwendung: Trockenschmuck.
Vermehrung: Aussaat im Vorfrühling. Keimdauer 12–20 Tage. Wurzelschnittlinge im Winter.
Kultur: Durchlässiger Boden. Nach der Keimung in kleine Anzuchtgefäße, z.B. Jiffy-Pots, setzen, im VII auf Beete pflanzen.
Hinweise: Blütenstiele in voll aufgeblühtem Zustand ernten.

Goniolimon tataricum		Gypsophila elegans
Staude		*einjährig*
VII–VIII		*VII–VIII*
Sonne		*Sonne*
frosthart		–
Beet, Schnitt		*Beet, Rabatte, Schnitt*

Gypsophila elegans
Sommer-Schleierkraut
Caryophyllaceae, Nelkengewächse

Heimat: Kleinasien, Kaukasus; gemäßigt, submediteran.
Wuchsform: Buschig, vieltriebig, horstbildend. Einjährig.
Blatt: Gegenständig, lanzettlich, 2–5 cm lang.
Blüte: Sternförmig, 5-zählig, 1–1,5 cm, weiß oder rosa, in Doldentrauben.
Wuchs-/Blütenhöhe: 20/30–40 cm.
Frucht: Kapsel.
Standort: Durchlässige, kalkhaltige Böden in voller Sonne.
Verwendung: Rabatten, Steingarten.
Vermehrung: Aussaat III–VI ins Freiland. 2 g für 1000 Pflanzen.
Kultur: Durchlässiger Boden. Nach der Keimung, dauert etwa 2–3 Wochen, Keimlinge vereinzeln. Sparsam gießen, Staunässe vermeiden.
Sorten: 'Red Cloud', rosa, 30 cm.
Hinweise: Kurzlebig, Blütezeit lässt sich durch Folgesaaten verlängern.

Hedychium gardnerianum
Kranzblume
Zingiberaceae, Ingwergewächse

Heimat: Östlicher Himalaja, Nepal; subtropisch.
Wuchsform: Aufrecht, rhizombildend. Staude.
Blatt: Wechselständig, bis 45 cm lang und 10 cm breit, glänzend grün.
Blüte: Disymmetrisch, 3 cm groß, goldgelb, mit langen roten Staubgefäßen, in dichten, bis 50 cm langen Blütenähren am Triebende, duftend.
Wuchs-/Blütenhöhe: 100/150–200 cm.
Frucht: Fleischige, 3-fächerige Kapsel.
Standort: Nährstoffreiche, tiefgründige Humusböden in voller Sonne.
Verwendung: Kübelpflanze.
Vermehrung: Teilung der Rhizome im Vorfrühling.
Kultur: Eintopfen in Einheitserde T, feucht und warm halten, Substrat nicht austrocknen lassen. Ab VI ins Freie, im Herbst ins Warmhaus einräumen. Dort hell, bei 18–20 °C überwintern.
Hinweise: Nicht schädlingsanfällig.

Helianthus annuus
Gewöhnliche Sonnenblume
Asteraceae, Asterngewächse

Heimat: Westliche USA, Nordmexiko; submediterran.
Wuchsform: Aufrecht, rasch wachsend. Einjährig.
Blatt: Wechselständig, herzförmig, 20–50 cm groß, rau, Rand gesägt, grün.
Blüte: Blütenköpfe bis 35 cm groß, endständig, Röhrenblüten braunschwarz, Randblüten je nach Sorte gelb, braun, rötlich, einfach oder gefüllt.
Wuchs-/Blütenhöhe: 30–400 cm.
Fruchtstand: Körbchen mit vielen ölhaltigen Samen, 1–1,5 cm groß.
Standort: Durchlässige, nährstoffreiche Böden in voller Sonne.
Verwendung: Schnittpflanze, Gründünger.
Vermehrung: Aussaat ab III mit Vorkultur unter Glas, ab IV ins Freie.
Kultur: Normaler Gartenboden. Reichlich wässern und düngen.
Sorten: 'Goldener Neger', goldgelb, braune Scheibe, 200 cm; 'Nanus Plenus', gelb, gefüllt, 100 cm.
Hinweise: Auf Mehltau und Grauschimmel achten.

Staude		einjährig
VIII–IX		VII–X
Sonne		Sonne
Warmhaus		–
Beet, Kübel		Beet, Kübel, Topf

Helichrysum bracteatum
Garten-Strohblume
Asteraceae, Asterngewächse

Heimat: Australien, mit vielen Hybriden und Sorten; subtropisch.
Wuchsform: Aufrecht, horstbildend. In der Heimat ausdauernde Staude, bei uns einjährig kultiviert.
Blatt: Wechselständig, linealisch, 5–12 cm lang.
Blüte: Körbchen, 5–8 cm groß, Hüllblätter rot, gelb, orange oder weiß, einfach oder gefüllt, Röhrenblüten gelb, in Doldentrauben.
Wuchs-/Blütenhöhe: 20/50–100 cm.
Fruchtstand: Körbchen, Samen mit Pappus.
Standort: Durchlässige Böden.
Verwendung: Trockenblume.
Vermehrung: Aussaat ab III unter Glas, ab IV ins Freie.
Kultur: Durchlässiger Boden. 3–5 Samen je Topf auslegen.
Sorten: 'Album', weiß, 60–80 cm; 'Chico', 30–40 cm, kompakt, mehrere Farben.
Hinweise: Blüten zum Trocknen im halb geöffneten Knospenstadium ernten und mit den Stielen nach unten aufhängen.
Auf Mehltau und Blattläuse achten.

Heliotropium arborescens
Heliotrop, Sonnenwende
Boraginaceae, Boretschgewächse

Heimat: Südamerika: Peru; subtropisch.
Wuchsform: Breit aufrecht, dicht. Nicht frostharter Halbstrauch, meist einjährig kultiviert, als Kübelpflanze bei frostfreier Überwinterung mehrjährig.
Blatt: Wechselständig, elliptisch, 6–10 cm lang, runzelig, dunkelgrün.
Blüte: 5-zipfelig, radiär, 6 mm groß, dunkelviolett, in reichblütigen Doldentrauben, nach Vanille duftend.
Wuchs-/Blütenhöhe: 30/40–50 cm.
Frucht: Nüsschen.
Standort: Humose Böden.
Verwendung: Beet- und Rabattenpflanze, Kübel- und Balkonpflanze.
Vermehrung: Stecklinge im Herbst. Aussaat I–III im Warmhaus, Lichtkeimer.
Kultur: Durchlässige, nahrhafte Erde, Staunässe vermeiden. Ab V ins Freie. Helle Überwinterung bei 12–18 °C.
Sorten: 'Marine', blau, 50 cm; 'Blaues Wunder', tiefblau, 40 cm.

einjährig (Staude)		*einjährig, Halbstrauch*
VII–X		*V–IX*
Sonne		*Sonne*
–		*Kalthaus, temperiert*
Beet, Gefäß, Schnitt		*Beet, Kübel, Balkon*

Heracleum mantegazzianum
Herkulesstaude, Riesen-Bärenklau
Apiaceae, Doldenblütler.

Heimat: Kaukasus, inzwischen in Europa weit verbreitet; gemäßigt.
Wuchsform: Breit aufrecht, Blätter ausladend. Zweijährig, stirbt nach der Fruchtreife ab.
Blatt: Gefiedert, 100 cm lang, 60 cm breit, am Rand tief gesägt, grün.
Blüte: Radiär, klein, weiß, in bis 80 cm großen, schirmförmigen Dolden.
Wuchs-/Blütenhöhe: 80/250 cm.
Fruchtstand: Dolde mit geflügelten Samen.
Standort: Frische, auch feuchte Böden, sonnig bis halbschattig.
Verwendung: Einzeln in Parkanlagen, getrocknete Fruchtstände für Floristik.
Vermehrung: Aussaat direkt nach der Samenreife.
Besonderes: Giftpflanze. Bei Sonne Pflanze nicht berühren. Die Lichtempfindlichkeit der Haut wird durch Furano-Cumarine herabgesetzt. Deshalb Handschuhe tragen!

zweijährig		*einjährig, Staude*
VI–VIII		*V–X*
Sonne bis Halbschatten		*Sonne bis Halbschatten*
frosthart		–
Beet, Schnitt		*Beet, Balkon, Ampel*

Heterocentron elegans
Kaskadenblume
Melastomataceae, Schwarzmundgewächse

Heimat: Mexiko; tropisch.
Wuchsform: Mattenartig, breit aufrecht. Staude, meist einjährig gezogen.
Blatt: Gegenständig, eiförmig, 0,5–1,2 cm lang.
Blüte: 4-zählig, 2–3 cm breit, purpur, in dichten Trugdolden.
Wuchs-/Blütenhöhe: 20/30 cm.
Frucht: Beere.
Standort: Humose Böden.
Verwendung: Mattenbildende Beet- und Rabattenpflanze, im Steingärten, für Balkonkästen und Ampeln.
Vermehrung: Stecklinge im Vorfrühling oder im Spätsommer.
Kultur: In Sand-Torfgemisch bewurzeln lassen, ab V ins Freiland pflanzen. Empfindlich gegen Staunässe, für gute Dränage sorgen.
Sorten: 'Cascade', kräftig rosa.
Hinweise: In halbschattigen Lagen gute Alternative zu Fuchsien.

Hibiscus moscheutos
Sumpf-Eibisch
Malvaceae, Malvengewächse

Heimat: Östliche USA; subtropisch, gemäßigt.
Wuchsform: Straff aufrecht, horstbildend. Kurzlebige Staude.
Blatt: Wechselständig, eiförmig, 10–15 cm lang.
Blüte: Schalenblüte, 15–25 cm groß, weiß mit rotem Schlundfleck.
Wuchs-/Blütenhöhe: 100–150 cm.
Frucht: Spaltfrucht.
Standort: Feuchte bis sumpfige Böden in Sonne und Halbschatten.
Verwendung: Einzeln in Teichnähe, am Bachrand, im Sumpfgarten.
Vermehrung: Aussaat mit Vorkultur unter Glas, ab V ins Freiland. Oder Stecklinge im Herbst schneiden und frostfrei überwintern.
Kultur: In humose Erden topfen. Da frostempfindlich, im Herbst einräumen, hell überwintern.
Sorten: 'Disco Belle', bis 30 cm große Blüten in Rot, Rosa oder Weiß.
Weitere Art: *Hibiscus trionum.*

Hibiscus moscheutos	Hordeum jubatum
Staude	*einjährig*
VII–IX	*VI–VII*
Sonne bis Halbschatten	*Sonne*
temperiertes Haus	–
Sumpf	*Beet*

Hordeum jubatum
Mähnen-Gerste
Poaceae, Süßgräser

Heimat: Nördliche und südliche USA; gemäßigt, subtropisch.
Wuchsform: Aufrecht, lockere Horste bildend.
Blatt: 2-zeilig, schmal lanzettlich, 5 mm breit, weich, grün.
Blüte: Endständige Ähre, überhängend, 5–12 cm lang, auffällig lange Grannen, erst grün, später gelb mit rötlichem Schimmer.
Wuchs-/Blütenhöhe: 30/50–60 cm.
Frucht: Karyopse.
Standort: Durchlässige Böden in voller Sonne.
Verwendung: Beetpflanze, Trockenschmuck.
Vermehrung: Aussaat im III unter Glas, ab Mitte IV direkt ins Freiland.
Kultur: In Einheitserde P mit Sandzusatz topfen, ab V ins Freie pflanzen.
Hinweise: Remontiert bei frühem Rückschnitt. Zum Trocknen frühzeitig ernten, denn reife Ähren zerfallen.

Iberis umbellata
Doldige Schleifenblume
Brassicaceae, Kohlgewächse

Heimat: Mittelmeergebiete; mediterran.
Wuchsform: Breit aufrecht, horstbildend.
Blatt: Wechselständig, linealisch, 5–9 cm lang.
Blüte: Einzelblüte mit vier ungleich langen Blütenblättern, 5–8 mm groß, rosa, purpur, violett oder weiß, in dichter Doldentraube, duftend.
Wuchs-/Blütenhöhe: 20/40–50 cm.
Frucht: Schote.
Standort: Durchlässige Böden.
Verwendung: Beet- und Rabattenpflanze, Schnittpflanze, zur Grabbepflanzung.
Vermehrung: Aussaat im III unter Glas, ab IV–V im Freiland. Lichtkeimer.
Kultur: Durchlässiger Boden. Hell und luftig kultivieren, keine Staunässe. Bei Direktsaat nur Vereinzelung auf 15 cm notwendig.
Sorten: 'Märchenzauber', rot, rosa, weiß, 25 cm; 'Red Flash', rubinrot, 25 cm.

Impatiens balsamina
Garten-Springkraut, Balsamine
Balsaminaceae, Balsaminengewächse

Heimat: Ostasien; subtropisch.
Wuchsform: Aufrecht, horstbildend, Triebe glasig durchscheinend. Einjährig.
Blatt: Wechselständig, lanzettlich zugespitzt, 6–8 cm, hellgrün.
Blüte: Becherförmig, 3–4 cm, rot, rosa oder weiß, meist gefüllt, in den Blattachseln.
Wuchs-/Blütenhöhe: 20/30–60 cm.
Frucht: Haarige Kapsel, die bei Berührung aufspringt und Samen wegschleudert.
Standort: Humose, durchlässige Gartenböden im Halbschatten.
Verwendung: Bauerngartenpflanze.
Vermehrung: Aussaat im Vorfrühling unter Glas, am besten gleich in Töpfe säen. Keimdauer 14–20 Tage.
Kultur: In Einheitserde P, ab Mitte V auspflanzen.
Sorten: Häufig Farbmischungen, z.B. 'Blütenbusch', 60 cm.
Hinweise: Sehr empfindlich gegenüber Spätfrösten.

Iberis umbellata		Impatiens balsamina
einjährig		*einjährig*
V–VIII		*VI–IX*
Sonne		*Halbschatten*
–		–
Beet, Grab, Schnitt		*Beet, Rabatte, Schnitt*

Impatiens glandulifera
Drüsiges Springkraut, Indisches Springkraut
Balsaminaceae, Balsaminengewächse

Heimat: Himalaja; tropisch.
Wuchsform: Breit aufrecht, Triebe glasig durchscheinend. Einjährig.
Blatt: Wechselständig, elliptisch zugespitzt, 6–10 cm, am Rand drüsig behaart, grün.
Blüte: Zygomorph, gespornt, 4–5 cm groß, rosa oder weiß, in Trauben, duftend.
Blütenhöhe: 100–150 cm.
Frucht: Glatte Kapsel, 5-teilig, springt bei Reife und Berührung auf.
Standort: Feuchter Boden.
Verwendung: An Bachrändern und Flussauen, in Bauerngärten, Parks, Bienenweide.
Vermehrung: Selbstaussaat, wobei die braunschwarzen Samen weit weggeschleudert werden. Oder Aussaat im IV direkt an Ort und Stelle.
Kultur: Lehmig humoser Boden.
Hinweise: Breitet sich stark aus.

Impatiens-Neuguinea-Gruppe
Edel-Lieschen
Balsaminaceae, Balsaminengewächse

Heimat: Kreuzungen aus *I. hawkeri* und anderen aus Neuguinea stammenden Arten; tropisch.
Wuchsform: Aufrecht, horstbildend.
Blatt: Wechselständig, lanzettlich, 8–12 cm, glänzend, je nach Sorte hell bis dunkelgrün oder gelb braun-grün gezeichnet.
Blüte: Tellerförmig, 3–5 cm groß, gespornt, in vielen Farbtönen.
Wuchs-/Blütenhöhe: 20/30–50 cm.
Frucht: Kapsel, 5-teilig.
Standort: Humusreiche Böden.
Verwendung: Beet- und Rabattenpflanze zur Grabbepflanzung.
Vermehrung: Stecklinge im Vorfrühling oder Sommer unter Glas. Aussaat von I–II unter Glas.
Kultur: Humose Erde. Überwinterung im Warmhaus bei 16–20 °C möglich. Substrat darf nie ganz austrocknen.
Sorten: 'Java' F1-Hybriden.

einjährig		*einjährig*
VI–X		*V–X (ganzjährig)*
Halbschatten, sonnig		*Sonne bis Halbschatten*
–		*temperiertes Haus*
Beet		*Beet, Gefäße, Grab*

Impatiens walleriana
Fleißiges Lieschen
Balsaminaceae, Balsaminengewächse

Heimat: Tropisches Ost-Afrika; tropisch.
Wuchsform: Polster- bis mattenförmig, mit fleischigen, stark verästelten Trieben. Einjährig.
Blatt: Wechselständig, elliptisch bis lanzettlich, gezähnt, 4–5 cm lang, grün.
Blüte: Tellerförmig, zygomorph, 5-teilig, flach, 3–4 cm breit, mit langem Sporn, in vielen Farben von Weiß, Rosa, Rot, Violett bis mehrfarbig.
Wuchs-/Blütenhöhe: 5–15/10–30 cm.
Frucht: Kapsel, springt auf.
Standort: Humose Böden.
Verwendung: Bodendecker, für Beete und Rabatten, zur Grabbepflanzung.
Vermehrung: Aussaat von II–III unter Glas. Man braucht 1 g Samen für 1000 Pflanzen. Von Sorten Stecklinge, im Sommer.
Kultur: Einheitserde. Da frostempfindlich, nicht vor Mitte V auspflanzen.
Sorten: 'Fortuna Compacta', in vielen Farben; 'Concorde Roter Stern', rot, 10–20 cm.

Impatiens walleriana	Ipomoea lobata
einjährig	*einjährig (Staude)*
V–IX	*VI–IX*
Halbschatten	*Sonne*
–	–
Beet, Gefäße, Grab	*Kübel, klettert*

Ipomoea lobata
(Syn. *Quamoclit lobata*)
Sternwinde
Convolvulaceae, Windengewächse

Heimat: Südmexiko; tropisch, subtropisch.
Wuchsform: Rasch wachsende Schlingpflanze. In der Heimat ausdauernde Staude, in frostgefährdeten Gebieten einjährig gezogen.
Blatt: Wechselständig, 3-lappig, stark gebuchtet, 12–15 cm groß, grün.
Blüte: Röhrenförmig, 2 cm lang, erst rot, dann gelb-weiß verfärbend, in einseitswendigen Trauben.
Wuchs-/Blütenhöhe: 300–500 cm.
Frucht: Kapsel.
Standort: Durchlässige Böden.
Verwendung: Begrünung von Pergolen und Rankgerüsten aller Art.
Vermehrung: Aussaat Ende III–IV mit Vorkultur unter Glas. 3 Samen pro Topf auslegen.
Kultur: Humoser Boden. Nach der Keimung stäben, ab Ende V ins Freie pflanzen.
Sorten: 'Exotica', orange bis gelb.
Hinweise: Reich blühende, wärmeliebende Kletterpflanze.

Ipomoea purpurea
(Syn. *Pharbitis purpurea*)
Bunte Gartenwinde, Purpur-Trichterwinde
Convolvulaceae, Windengewächse

Heimat: Tropisches Amerika; subtropisch.
Wuchsform: Rasch wachsender Schlinger.
Blatt: Wechselständig, herzförmig, 6–8 cm groß.
Blüte: Trichterförmig, 4–6 cm groß, rot, rosa, purpur oder weiß.
Wuchs-/Blütenhöhe: 300–400 cm.
Frucht: Kapsel mit großen, braunschwarzen Samen.
Standort: Durchlässige Humusböden in voller Sonne.
Verwendung: Begrünung von Pergolen und Rankgerüsten aller Art.
Vermehrung: Aussaat im IV direkt an Ort und Stelle.
Kultur: Einheitserde. Bei Vorkultur unter Glas direkt in Töpfe säen.
Sorten: Im Handel sind meist Mischungen erhältlich, z.B. 'Prachtmischung'.
Hinweise: Robust, aber frostempfindlich. Erfriert bei den ersten Minusgraden.

Ipomoea purpurea		Ipomoea quamoclit
einjährig		*einjährig*
VII–IX		*VII–X*
Sonne		*Sonne*
–		–
Kübel, klettert		*Kübel, klettert*

Ipomoea quamoclit
(Syn. *Quamoclit vulgaris*)
Gefiederte Sternwinde
Convolvulaceae, Windengewächse

Heimat: Tropisches Amerika; subtropisch.
Wuchsform: Rasch wachsender Schlinger.
Blatt: Wechselständig, herzförmig, fiederschnittig, 3–4 cm, grün.
Blüte: Trichterförmig, rot, 3–4 cm, in Wickeln.
Wuchs-/Blütenhöhe: 200–300 cm.
Frucht: Kapsel.
Standort: Durchlässige Böden.
Verwendung: Begrünung von Pergolen, Zäunen und Rankgerüsten aller Art, Kübelpflanze.
Vermehrung: Aussaat ab III in Einheitserde unter Glas. 3 Samen je Topf auslegen.
Kultur: Humoser Boden. Nach der Keimung sofort an Stäbe aufbinden.
Sorten: 'Cardinal', kardinalrot.
Weitere Arten: *I. × multifida* (*I. coccinea × I. quamoclit*), Blüte rot mit weiß (Bild).
Hinweise: Reich blühender Schlinger mit auffälligem Laub, frostempfindlich.

Ipomoea tricolor
(Syn. *Pharbitis tricolor*)
Prunkwinde
Convolvulaceae, Windengewächse

Heimat: Tropisches Amerika; tropisch.
Wuchsform: Schnell wachsender Schlinger.
Blatt: Wechselständig, herzförmig, 12–15 cm.
Blüte: Himmelblaue Trichterblüte, 8–10 cm.
Wuchs-/Blütenhöhe: 300–500 cm.
Frucht: Kapsel mit großen, schwarzen Samen.
Standort: Durchlässige, nährstoffreiche Böden in voller Sonne, warm.
Verwendung: Begrünung von Pergolen, Lauben und Rankgerüsten aller Art, Kübelpflanze.
Vermehrung: Aussaat mit Vorkultur unter Glas. 3 Samen pro Topf auslegen.
Kultur: Humose Erde, z.B. Einheitserde P. Nach der Keimung (2 Wochen bei 20 °C) sofort stäben. Ab V ins Freie pflanzen.
Sorten: 'Clarke's Himmelblau'.
Hinweise: Die Blüten öffnen sich morgens und schließen sich am Nachmittag.

Iris × hollandica
Holländische Schwertlilie
Iridaceae, Schwertliliengewächse

Heimat: Kreuzung aus *I. latifolia* × *I. tingitana* × *I. xiphium*; gemäßigt.
Wuchsform: Aufrecht, horstbildend. Zwiebelpflanze, nicht ausreichend frosthart.
Blatt: Wechselständig, sehr schmal, aufrecht, vom Stängel abstehend, 20–30 cm lang, grün.
Blüte: Endständig, 10–12 cm groß, 3 schmale Domblätter, 3 breitere Hängeblätter, weiß, gelb oder blau, ohne Bart.
Wuchs-/Blütenhöhe: 30/50–80 cm.
Frucht: 3-klappige Kapsel.
Standort: Humose Böden.
Verwendung: Rabattenpflanze.
Vermehrung: Brutzwiebelchen abnehmen, im Frühling in sandigen Boden stecken.
Kultur: Pflanzung im Herbst in normalen Gartenboden. Präparierte Zwiebeln blühen unter Glas schon nach 3–4 Monaten.
Sorten: 'Golden Harvest', gelb; 'Prof. Blaauw', blau; 'White Excelsior', weiß.

einjährig		*Staude, Zwiebelpflanze*
VII–IX		*VI–VII*
Sonne		*Sonne*
–		*Reisigschutz*
Kübel, klettert		*Beet, Rabatte, Schnitt*

Ixia campanulata
Klebschwertel
Iridaceae, Schwertliliengewächse

Heimat: Süd-Afrika: Kapland; mediterran.
Wuchsform: Aufrecht, locker, mit drahtigen Blütenstängeln. Nicht frostharte Knollenpflanze.
Blatt: 2-zeilig, schwertförmig, sehr schmal, grasartig, bis 50 cm lang, grün.
Blüte: Stern- bis becherförmig, 2–3 cm breit, rot, rosa, gelb oder weiß, vielfach mit dunkler Mitte, an 5- bis 12-blütigen Ähren. Die Blüten sind nur bei Sonnenschein geöffnet.
Wuchs-/Blütenhöhe: 15/40–60 cm.
Frucht: Kapsel.
Standort: Durchlässige Böden.
Verwendung: Schnittpflanze.
Vermehrung: Pflanzen im VII ausgraben und Brutknöllchen abnehmen.
Kultur: Pflanzung im Februar in sandigen Boden. Knollen in Töpfe pflanzen, frostfrei im Kalthaus überwintern.
Sorten: z.B. 'Prachtmischung'.
Hinweise: Anbaufläche jährlich wechseln.

Staude, Knollenpflanze		*einjährig*
IV–VI		*VI–VIII*
Sonne		*Sonne*
Reisigschutz, Kalthaus		*–*
Beet, Schnitt		*klettert*

Lablab purpureus
(Syn. *Dolichos lablab*)
Faselbohne, Lablabbohne, Helmbohne
Fabaceae, Hülsenfrüchtler

Heimat: Tropisches Afrika; tropisch.
Wuchsform: Rasch wachsender Schlinger.
Blatt: Wechselständig, eiförmig, 3-zählig gefiedert, 7–15 cm lang, grün.
Blüte: Schmetterlingsblüte, zygomorph, blasslilaweiß, 2 cm, in einer Traube.
Wuchs-/Blütenhöhe: 300–400 cm.
Frucht: Hülse, breit, 5–10 cm lang, violett.
Standort: Nährstoffreiche Böden in sonnigen, warmen Lagen.
Verwendung: Begrünung von Pergolen, Lauben, Klettergerüsten.
Vermehrung: Aussaat im IV in Töpfe unter Glas, ab V ins Freiland.
Kultur: Nährstoffreiche Substrate, nicht austrocknen lassen.
Besonderes: In Afrika wichtige Nutzpflanze. Bohnen dienen als Nahrung.
Hinweise: Blüten und Früchte zieren gleichermaßen.

Lagenaria siceraria
Gewöhnlicher Flaschenkürbis
Cucurbitaceae, Kürbisgewächse

Heimat: Tropisches Afrika; tropisch.
Wuchsform: Kletterpflanze, stark wachsend. Einjährig.
Blatt: Wechselständig, handfömig, 3- bis 5-lappig, grün.
Blüte: Glockenförmig, 5-zählig, 2–4 cm, weißgelb.
Wuchs-/Blütenhöhe: 300–800 cm.
Frucht: Beere mit harten Wänden, als Kalebasse bekannt.
Standort: Nährstoffreiche Humusböden in voller Sonne.
Verwendung: Begrünung von Lauben und Pergolen. Früchte für Schnitzereien.
Vermehrung: Aussaat in Töpfen unter Glas ab IV, ab Mitte V ins Freie pflanzen.
Kultur: In Einheitserde T oder ED 73, reichlich düngen und wässern.
Hinweise: Früchte nachreifen lassen. Trockenprozess dauert 1 Jahr.

Lagurus ovatus
Hasenschwanzgras, Südliches Sammetgras
Poaceae, Süßgräser

Heimat: West-Europa, Mittelmeergebiet, Kleinasien; mediterran.
Wuchsform: Aufrecht, horstbildend. Einjährig.
Blatt: 2-zeilig, schmal linealisch, 2–4 cm, weich behaart, graugrün.
Blüte: Endständige Ähre, eiförmig, 2–3 cm, von weißen, langen Haaren umgeben.
Wuchs-/Blütenhöhe: 15/20–60 cm.
Frucht: Karyopse.
Standort: Durchlässige Böden in voller Sonne. Keine Staunässe.
Verwendung: Beet- und Rabattenpflanze, Schnittpflanze, Trockenschmuck.
Vermehrung: Aussaat im III unter Glas, ab IV direkt ins Freiland. Keimdauer 12–15 Tage.
Kultur: In Einheitserde mit Sandzusatz, ab Mitte V ins Freie pflanzen.
Hinweise: Blütenstände zum Trocknen köpfüber aufhängen.

einjährig		*einjährig*
VI–IX		*VI–VIII*
Sonne		*Sonne*
–		*–*
klettert		*Beet, Rabatte, Schnitt*

Lampranthus aurantiacus
Gold-Eiskraut
Aizoaceae, Mittagsblumengewächse

Heimat: Süd-Afrika: Kapland; mediterran.
Wuchsform: Niederliegend bis überhängend, ältere Pflanzen verholzen an der Basis. Sukkulente.
Blatt: Gegenständig, fleischig, 2–3 cm lang, graugrün.
Blüte: Strahlenförmig, 4–5 cm groß, leuchtend orange.
Wuchs-/Blütenhöhe: 30–40 cm.
Frucht: Kapsel.
Standort: Durchlässige Böden.
Verwendung: Beet- und Rabattenpflanze, Bodendecker, zur Grabbepflanzung, auch für Balkonkästen.
Vermehrung: Stecklinge im Sommer in Sand-Torfgemisch.
Kultur: Im Vorfrühling eintopfen, in Einheitserde-Sand-Gemisch. Da nicht frosthart, ab Oktober einräumen, hell, bei 12–15 °C überwintern.
Sorten: 'Pink', rosa, 20–25 cm.
Weitere Arten: *L. aureus*, orange, 25–30 cm (Bild).

Lampranthus aurantiacus		Lantana camara
Sukkulente		Strauch
V–IX		VI–IX
Sonne		Sonne bis Halbschatten
Kalthaus		temperiertes Haus
Beet, Balkon, Grab		Beet, Kübel

Lantana camara
Wandelröschen
Verbenaceae, Eisenkrautgewächse

Heimat: Tropisches Amerika; tropisch, subtropisch.
Wuchsform: Buschig, vieltriebig, verholzend. Strauch, nicht frosthart.
Blatt: Gegenständig, eiförmig, Rand gezähnt, 4–7 cm lang, dunkelgrün genarbt.
Blüte: Röhrenförmig, 4–5 mm, in dichten Köpfchen, 3–5 cm groß, Farben rot, gelb, weiß bis zweifarbig. Besonderheit: Blütenfarben ändern sich im Lauf der Blütezeit.
Wuchs-/Blütenhöhe: 50–100 cm.
Frucht: Beere, schwarz und rund.
Standort: Humose Böden.
Verwendung: Beetpflanze, einzeln oder in Gruppen, Kübelpflanze.
Vermehrung: Triebstecklinge, im Sommer bewurzeln lassen.
Kultur: Humose Substrate. Jungpflanzen sowie Mutterpflanzen hell, bei 18–20 °C, überwintern; ab V ins Freiland stellen.
Sorten: 'Arlequin', blauviolett mit gelb (Bild); 'Prof. Raoux', rot-orange.
Hinweise: Im Frühling ist ein Rückschnitt notwendig.

Lathyrus odoratus
Duft-Wicke, Duftende Platterbse
Fabaceae, Hülsenfrüchtler

Heimat: Süditalien, Sizilien; mediterran.
Wuchsform: Kletterpflanze mit Blattranken, geflügelte Triebe. Einjährig.
Blatt: Wechselständig, eiförmig, 2–4 cm lang.
Blüte: Schmetterlingsblüte, zygomorph, 2–3 cm groß, rot, rosa, weiß, blau oder violett, in gestielten Trauben aus den Blattachseln entspringend, duftend.
Wuchs-/Blütenhöhe: 100–300 cm.
Frucht: Hülse mit kugeligen, großen Samen.
Standort: Tiefgründige, kalkhaltige Böden in sonniger Lage.
Verwendung: Begrünung von Zäunen und Pergolen, Schnittpflanze.
Vermehrung: Aussaat unter Glas von X–IV. Samen vorher 2 Stunden quellen lassen.
Kultur: Lehmiger Boden. Im Freien ab IV aussäen, in Reihen, 2–3 cm tief.
Sorten: 'Anne Vestey', hellrot; 'Winston Churchill', weiß-rot; je 100–300 cm; 'Little Sweetheart', 20 cm hoch.

Lavatera trimestris
Bechermalve, Garten-Strauchpappel
Malvaceae, Malvengewächse

Heimat: Mittelmeergebiete, Süd-Europa bis Syrien; mediterran.
Wuchsform: Breit aufrecht, buschig. Einjährig.
Blatt: Wechselständig, handförmig, 3- bis 5-lappig, behaart, Rand gesägt, grün.
Blüte: Schalenförmig, 6–10 cm breit, rosa oder weiß, reich blühend.
Wuchs-/Blütenhöhe: 50–100/60–120 cm.
Frucht: Spaltfrucht, rund und flach.
Standort: Durchlässige Böden.
Verwendung: Einzeln in Rabatten, Schnittpflanze.
Vermehrung: Aussaat III–IV unter Glas, direkt in Töpfe. Ab IV auch Aussaat an Ort und Stelle möglich.
Kultur: Humose, durchlässige Böden, pH 5,5, stickstoffarm. Ab V ins Freiland pflanzen.
Sorten: 'Rosea', kräftig rosa; 'Montblanc', weiß; 'White Beauty, weiß; alle 60 cm hoch.
Hinweise: Auf Blattfleckenkrankheiten achten.

Lathyrus odoratus	Lavatera trimestris
einjährig	*einjährig*
VI–IX	*VII–X*
Sonne	*Sonne*
–	–
klettert, Schnitt	*Beet, Kübel, Grab*

Leonotis leonurus

Löwenohr
Lamiaceae, Lippenblütler

Heimat: Süd-Afrika; mediterran, subtropisch.
Wuchsform: Buschig aufrecht, horstbildend. Halbstrauch, nicht frosthart.
Blatt: Gegenständig, lanzettlich, 8–12 cm lang, gesägter Blattrand, behaart, graugrün.
Blüte: Langröhrige Lippenblüten, zygomorph, 3–5 cm lang, orange, in Quirlen.
Wuchs-/Blütenhöhe: 100–150/150–200 cm.
Frucht: Klausen (4 einsamige Teilfrüchte) in Quirlen.
Standort: Durchlässige Böden.
Verwendung: Beet- und Kübelpflanze, Schnitt- und Trockenblume.
Vermehrung: Aussaat von II–III unter Glas. Stecklinge im IV von überwinterten Pflanzen.
Kultur: Einheitserde mit Sand gemischt. Pflanzen mehrmals stutzen, von V–IX ins Freie stellen. Helle Überwinterung bei 14–18 °C, wenig gießen.
Hinweise: Wertvoll durch die späte Blüte.

Leonotis leonurus	Leptospermum scoparium
Halbstrauch	*Strauch*
IX–XII	*III–VI*
Sonne	*Sonne*
temperiertes Haus	*temperiertes Haus*
Beet, Kübel, Schnitt	*Kübel, Schnitt*

Leptospermum scoparium

Leptospermum, Südseemyrte
Myrtaceae, Myrtengewächse

Heimat: Neuseeland, Australien; subtropisch, mediterran.
Wuchsform: Sparrig verzweigt, mit dünnen Trieben. Nicht frostharter Strauch.
Blatt: Wechselständig, linealisch lanzettlich, immergrün, 0,5–1,2 cm lang, graugrün, duftend.
Blüte: 5-zählig, klein, 1 cm groß, weiß, Sorten auch rosa und rot.
Wuchs-/Blütenhöhe: 100–200 cm.
Frucht: Kapsel mit feinen Samen.
Standort: Durchlässige, saure Böden.
Verwendung: Blütenzweige für Floristik.
Vermehrung: Stecklinge im Sommer.
Kultur: Humose, durchlässige Erde, Staunässe und Trockenheit vermeiden. Jungpflanzen mehrmals stutzen. Hell überwintern (14–18 °C).
Sorten: 'Autumn Glory', rosa; 'Ruby Glow', rot gefüllt.
Besonderes: Wichtige Teepflanze.
Hinweise: Enthält ätherische Öle, aromatischer Duft.

Limnanthes douglasii

Sumpfblume
Limnanthaceae, Sumpfblumengewächse

Heimat: Westliche USA: Kalifornien, Oregon; mediterran.
Wuchsform: Dicht mattenförmig. Einjährig.
Blatt: Wechselständig, fiederschnittig, 2–3 cm, hellgrün.
Blüte: Schalenförmig, 2–3 cm groß, weiß mit gelber Mitte, duftend.
Wuchs-/Blütenhöhe: 20/30 cm.
Frucht: Spaltfrucht.
Standort: Feuchte Böden.
Verwendung: Steingärten.
Vermehrung: Aussaat von III–IV an Ort und Stelle. Sät sich auch selbst aus.
Kultur: Nach der Keimung tuffweise in TKS pikieren.
Sorten: 'Grandiflorum', weiß mit gelber Mitte, Blüten 3–4 cm groß, Wuchshöhe/Blütenhöhe 20/20 cm.
Hinweise: Kurzlebige, reich blühende Liebhaberpflanze.

einjährig		*einjährig*
VI–VIII		*VII–IX*
Sonne bis Halbschatten		*Sonne*
–		–
Beet, Sumpf		*Beet, Schnitt*

Limonium sinuatum

Statice, Meerlavendel
Plumbaginaceae, Bleiwurzgewächse

Heimat: Mittelmeergebiete, Kaukasus, Nord-Afrika; submediterran.
Wuchsform: Aufrecht, horstbildend.
Blatt: Am Grund rosettenbildend, Einzelblatt lanzettlich, 8–15 cm lang, fiederspaltig gelappt, grün.
Blüte: Röhrenförmig, 1–1,5 cm groß, papierartige Kelchblätter blau, lila oder rötlich, eigentliche Blüte weiß, Stiele geflügelt, in endständiger Ähre.
Wuchs-/Blütenhöhe: 15/50–90 cm
Frucht: Samen mit Pappus.
Standort: Sandige, durchlässige, auch salzhaltige Böden.
Verwendung: Trockenschmuck.
Vermehrung: Aussaat im III–IV unter Glas, 2–4 Samen pro Topf auslegen, Lichtkeimer. Direktsaat ab IV.
Kultur: Sandiger Boden. Ab V auspflanzen, wenig Stickstoff geben.
Sorten: 'Petit Bouquet', Topfsorte in mehreren Farben, 30 cm; 'Kampfs Verbesserte', dunkelblau, 90 cm.

Linaria maroccana

Leinkraut

Scrophulariaceae, Braunwurzgewächse

Heimat: Marokko; mediterran.
Wuchsform: Buschig, horstbildend. Einjährig.
Blatt: Wechselständig, linealisch, fein, 1–3 cm lang, blaugrün.
Blüte: Endständige, gespornte Blüten, 1–2 cm, lila, auch gelblich oder rötlich, in Trauben.
Wuchs-/Blütenhöhe: 15/20–30 cm.
Frucht: Kapsel.
Standort: Durchlässige Böden in voller Sonne.
Verwendung: Beet- und Balkonpflanze, im Steingarten.
Vermehrung: Aussaat im IV an Ort und Stelle, auch Selbstaussaat möglich. Keimdauer 14–20 Tage.
Kultur: Einheitserde. Tuffweise in Töpfe pikieren, ab V auspflanzen,
Sorten: 'Feenmischung', verschiedene Farbtöne, Wuchshöhe/Blütenhöhe 15/20–30 cm.
Hinweise: Zierlicher, anspruchsloser Sommerblüher, äußerst reich blühend.

Linaria maroccana		Linum grandiflorum
einjährig		*einjährig*
VI–IX		*VI–IX*
Sonne		*Sonne*
–		*Reisigschutz*
Beet, Balkon		*Beet, Kübel, Schnitt*

Linum grandiflorum

Roter Lein

Linaceae, Leingewächse

Heimat: Algerien; mediterran.
Wuchsform: Aufrecht, horstbildend. Einjährig.
Blatt: Wechselständig, lanzettlich, 4–5 cm lang, blaugrün.
Blüte: Schalenförmig, 2–3 cm groß, rot, in Trugdolden am Triebende.
Wuchs-/Blütenhöhe: 30–40/40–50 cm.
Frucht: Kugelige Kapsel.
Standort: Durchlässige Böden in voller Sonne.
Verwendung: Beet- und Rabattenpflanze, Kübelpflanze, Schnittpflanze.
Vermehrung: Aussaat im IV an Ort und Stelle, Reihensaat. Keimdauer 12–14 Tage.
Kultur: Einheitserde mit Sandzusatz. Vorkultur in Töpfen ab Anfang IV. Kann in milden Wintern auch überwintern.
Sorten: 'Rubrum', blutrot, Wuchshöhe/Blütenhöhe 30–40/40–50 cm.
Hinweise: Dauerblüher.

Lobelia cardinalis

Kardinals-Lobelie
Campanulaceae, Glockenblumengewächse

Heimat: Nordamerika; gemäßigt.

Wuchsform: Straff aufrecht, horstbildend. Kurzlebige Sumpfstaude.

Blatt: Wechselständig, lanzettlich bis elliptisch, 15–20 cm lang, grün bis rot.

Blüte: Zygomorph, scharlachrot, 2–3 cm groß, in endständigen Trauben.

Wuchs-/Blütenhöhe: 60–80 cm.

Frucht: Kapsel.

Standort: Nasse Böden in sonniger Lage.

Verwendung: Sumpfgärten, Beete in Wassernähe, Schnittpflanze.

Vermehrung: Aussaat im Frühling mit Vorkultur unter Glas.

Kultur: Einheitserde T. Immer feucht halten, ab V ins Freie. Pflanzen sind mit Schutz frosthart.

Weitere Arten: *L.* × *gerardii* und *L.* × *speciosa* sind dankbare Schnitt- und Beetpflanzen. Sie sind auch für trockenere Plätze geeignet. (Bild: *L.* × *speciosa*).

Lobelia erinus

Männertreu
Campanulaceae, Glockenblumengewächse

Heimat: Süd-Afrika: Kapland; mediterran.

Wuchsform: Niederliegend, buschig, feintriebig, aufrecht oder hängend. Einjährig.

Blatt: Wechselständig, lanzettlich, 2–3 cm lang, grün oder dunkel.

Blüte: Zygomorph, 1–1,5 cm breit, hell- oder dunkelblau, auch weiß oder rötlich, in großer Anzahl.

Wuchs-/Blütenhöhe: 15–30 cm.

Frucht: Kapsel.

Standort: Humose Böden.

Verwendung: Bodendecker, für Einfassungen und Rabatten.

Vermehrung: Aussaat mit Vorkultur unter Glas ab III. 0,5 g Saatgut für 1000 Pflanzen erforderlich.

Kultur: Tuffweise in Töpfe mit Einheitserde P pikieren, ab V ins Freie pflanzen. Gleichmäßig feucht halten.

Sorten: 'Kaiser Wilhelm', blau; 'Kristallpalast', blau mit dunklem Laub; 'Schneeball', weiß; je 15–20 cm.

Staude	*einjährig*
VII–IX	*VI–IX*
Sonne	*Sonne*
Reisigschutz	*–*
Sumpf, Schnitt	*Rabatte, Boden, Gefäße*

Lobelia erinus 'Richardii'

Männertreu
Campanulaceae, Glockenblumengewächse

Heimat: Züchtung.
Wuchsform: Niederliegend, buschig, feintriebig, hängend. Einjährig.
Blatt: Wechselständig, lanzettlich, 2–3 cm lang, grün oder dunkel.
Blüte: Zygomorph, 1–1,5 cm breit, hellblau, lang gestielt.
Wuchs-/Blütenhöhe: 25–35 cm.
Frucht: Kapsel.
Standort: Humose Böden.
Vermehrung: Aussaat mit Vorkultur unter Glas ab III. Keimdauer 7–14 Tage.
Kultur: Tuffweise in Töpfe mit Einheitserde P pikieren, ab V ins Freie pflanzen. Substrat nicht austrocknen lassen.
Sorten: 'Saphir', tiefblau mit weißem Auge, mit 20 cm kompakter; 'Richardii White Butterfly' weiß, frühblühend.
Hinweise: Auf Grauschimmel achten.

Lobelia erinus 'Richardii'	Lobularia maritima
einjährig	*einjährig*
VI–IX	*IV–IX*
Sonne	*Sonne*
–	–
Balkon, Ampel	*Beet, Rabatte, Boden*

Lobularia maritima

(Syn. *Alyssum maritimum*)
Strand-Silberkraut, Duftsteinrich
Brassicaceae, Kohlgewächse

Heimat: Mittelmeergebiete, Azoren, Kanarische Inseln; mediterran.
Wuchsform: Flach ausgebreitet, polsterbildend.
Blatt: Wechselständig, länglich lanzettlich, 1–3 cm lang, graugrün.
Blüte: 4-zählig, 4–6 mm groß, weiß, in Trauben, stark duftend.
Wuchs-/Blütenhöhe: 5–15/10–20 cm.
Frucht: Schote.
Standort: Sonnig, nährstoffarme Böden, natürlich auf meernahen Plätzen in Felsen.
Verwendung: Beet- und Rabattenpflanze, Bodendecker, in Steinfugen und Steingärten.
Vermehrung: Aussaat ab II–IV unter Glas, ab IV direkt ins Freiland.
Kultur: Durchlässige Substrate, nur wenig düngen.
Sorten: 'Königsteppich', rotviolett; 'Snow Crystals', weiß, 10 cm.
Hinweise: Rückschnitt fördert Nachblüte.

Lonas annua
Immortelle
Asteraceae, Asterngewächse

Heimat: Süditalien, Sizilien, Nord-Afrika; mediterran.
Wuchsform: Aufrecht, buschig. Einjährig.
Blatt: Wechselständig, schmal gelappt, 4–5 cm.
Blüte: Gelbe Körbchen mit Röhrenblüten, 5–6 cm groß, in dichten Trugdolden.
Wuchs-/Blütenhöhe: 20/30–40 cm.
Fruchtstand: Körbchen.
Standort: Durchlässige Böden.
Verwendung: Beet- und Rabattenpflanze, Trockenschmuck.
Vermehrung: Aussaat III–IV unter Glas. 1 g Saatgut für 1000 Pflanzen erforderlich.
Kultur: Pikieren in sandig humose Erde, ab Mitte V ins Freie pflanzen. Für Schnittblumenanbau auch Freilandaussaat in Reihen ab IV–V.
Sorten: 'Goldrush', goldgelb, 20 cm, kompakt, für Beete.
Hinweise: Voll erblüht ernten und Sträuße zum Trocknen kopfüber aufhängen.

Lunaria annua
Einjähriges Silberblatt, Judassilberling, Mondviole
Brassicaceae, Kohlgewächse

Heimat: Süd-Europa bis Kleinasien; gemäßigt.
Wuchsform: Steif aufrecht, rosettenbildend.
Blatt: Wechselständig, herzförmig, 8–10 cm lang, am Rand gezähnt, grün.
Blüte: Kreuzförmige Blüten 1,5 cm groß, hellrot oder weiß, in endständiger Traube.
Wuchs-/Blütenhöhe: 20/60–100 cm.
Frucht: Ovale Schote, bis 5 cm lang. Samen linsenförmig, Scheidewände silbrig.
Standort: Humose, durchlässige Böden in halbschattigen Lagen.
Verwendung: Trockenschmuck.
Vermehrung: Aussaat von III–VII ins Freiland, dann an den gewünschten Standort pflanzen. Bei Vorkultur unter Glas ist schon eine Blüte im gleichen Jahr möglich, wenn auch schwächer.
Kultur: Lehmiger Boden. Rosette mit leichtem Schutz überwintern.

Lonas annua		Lunaria annua
einjährig		*einjährig, zweijährig*
VIII–X		*V–VIII*
Sonne		*Sonne bis Halbschatten*
–		*Reisigschutz*
Beet, Rabatte, Schnitt		*Beet, Kübel*

Lycianthes rantonnettii
(Syn. *Solanum rantonnettii*)
Blauer Enzianstrauch
Solanaceae, Nachtschattengewächse

Heimat: Argentinien, Paraguay; subtropisch, tropisch.
Wuchsform: Buschig, aufrecht bis überhängend.
Blatt: Wechselständig, eiförmig zugespitzt, 6–10 cm lang, grün.
Blüte: Radiär, 5-zählig, 2–3 cm große Scheibe, blauviolett, gelbe Staubgefäße.
Wuchs-/Blütenhöhe: 150–200 cm.
Frucht: Rote Beere, 2 cm groß.
Standort: Durchlässige, humose Böden in sonniger Lage.
Verwendung: Kübelpflanze für Terrasse und Wintergarten.
Vermehrung: Triebstecklinge im Sommer. Jungpflanzen hell, bei 14–18 °C überwintern.
Kultur: Einheitserde ED 73. Im Sommer nachdüngen und wässern. Im Herbst einräumen, heller Platz.
Sorten: 'Königsrobe', dunkelblau; 'Variegata', weißbuntes Laub (Bild).

Lycianthes		Lysimachia
Strauch		*einjährig (Staude)*
VII–X		*V–X*
Sonne		*Sonne bis Halbschatten*
temperiertes Haus		*temperiertes Haus*
Beet, Kübel		*Beet, Ampel, Balkon*

Lysimachia congestiflora
Felberich, Sonnengold
Primulaceae, Schlüsselblumengewächse

Heimat: China; subtropisch.
Wuchsform: Breit, überhängend. Nicht frostharte Staude, häufig einjährig kultiviert.
Blatt: Gegenständig, eiförmig, zugespitzt, 5–6 cm lang, matt grün.
Blüte: Becherförmig, goldgelb, 1,5 cm, in endständigen Büscheln.
Wuchs-/Blütenhöhe: 30–40 cm (in gleicher Länge überhängend).
Frucht: Kapsel.
Standort: Humose Böden.
Verwendung: Ampeln.
Vermehrung: Stecklinge im Spätsommer bewurzeln lassen und frostfrei überwintern.
Kultur: In Einheitserde topfen, ab Februar hell bei 15–18 °C kultivieren, ab V ins Freie pflanzen. Ist dankbar für regelmäßige Düngergaben. Nicht frosthart, daher hell, bei 14–18 °C überwintern.
Sorten: 'Lyssi', gelb, kompakt wachsend.

Malope trifida
Trichtermalve
Malvaceae, Malvengewächse

Heimat: Marokko, Südwest-Europa; mediterran.
Wuchsform: Breit aufrecht, horstbildend.
Blatt: Wechselständig, eiförmig, 3- bis 5-lappig, Rand gekerbt, 8–10 cm lang, grün.
Blüte: Becherförmig, 5-zählig, 5–7 cm groß, hellrot mit dunkleren Adern.
Wuchs-/Blütenhöhe: 40/60–100 cm.
Frucht: Spaltfrucht.
Standort: Durchlässige Böden.
Verwendung: Beet- und Rabattenpflanze, haltbare Schnittpflanze.
Vermehrung: Aussaat III–IV unter Glas, später auch Direktsaat ins Freiland. Keimtemperatur 14–18 °C.
Kultur: Jungpflanzen in Einheitserde T topfen, ab Mitte V ins Freiland pflanzen.
Sorten: 'Alba', weiß; 'Brillantrosa', rosa; 'Tetra Roter Kaiser', rot; alle 100 cm.
Hinweise: Verträgt keine Trockenheit, daher gute Wasserversorgung notwendig.

Malope trifida		Malva sylvestris
einjährig		*einjährig, zweijährig*
VII–X		*VI–X*
Sonne		*Sonne bis Halbschatten*
–		*–*
Beet, Rabatte, Schnitt		*Beet*

Malva sylvestris
Wilde Malve, Algier-Malve
Malvaceae, Malvengewächse

Heimat: Europa, Mittelmeergebiete, Nordwest-Afrika, Asien; gemäßigt, mediterran.
Wuchsform: Breit aufrecht, horstbildend.
Blatt: Wechselständig, 3- bis 7-lappig, gekerbter Rand, 5–8 cm lang.
Blüte: Schalenförmig, 5-zählig, 4–5 cm groß, purpurrote Streifen auf rotem Grund, auch rosa-weiße und violette Blüten möglich, äußerst reich blühend.
Wuchs-/Blütenhöhe: 60/80–150 cm.
Frucht: Spaltfrucht.
Standort: Durchlässige Böden in voller Sonne bis lichtem Schatten.
Verwendung: Beetpflanze für Einzelstand.
Vermehrung: Aussaat im IV direkt an Ort und Stelle. Keimdauer 10–14 Tage.
Kultur: Nährstoffreiche Substrate, benötigt viel Platz.
Hinweise: Wird nicht vom Malvenrost befallen.

Matthiola incana
Garten-Levkoje
Brassicaceae, Kohlgewächse

Heimat: Süd-Europa, Nord-Afrika, Kleinasien; mediterran.
Wuchsform: Aufrecht, buschig, horstbildend.
Blatt: Gegenständig, lanzettlich, 6–8 cm, grau, graufilzig behaart.
Blüte: Kreuzförmig, 4-zählig, 2–3 cm groß, rosa, lila, weiß, oft gefüllt, in endständiger Traube, stark duftend.
Wuchs-/Blütenhöhe: 15/50–80 cm.
Frucht: Schote, 5–16 cm lang.
Standort: Durchlässige Lehmböden.
Verwendung: Beet- und Rabattenpflanze, Schnittpflanze.
Vermehrung: Aussaat von II–III unter Glas.
Kultur: In nährstoffreichen Böden mit hohem pH-Wert. Gleichmäßig wässern, Blätter dabei möglichst nicht benetzen.
Sorten: 'Excelsior-Riesen', viele Farben.
Hinweise: Hellblättrige Sämlinge blühen gefüllt.

einjährig (Staude, Halbstr.)		*einjährig (Staude)*
V–VIII		*VI–IX*
Sonne		*Sonne*
Reisigschutz		*–*
Beet, Rabatte, Schnitt		*Beet, Kübel, Balkon*

Melampodium paludosum
Sterntaler
Asteraceae, Asterngewächse

Heimat: Südamerika; subtropisch.
Wuchsform: Buschig aufrecht. Wächst in der Heimat als Staude, bei uns einjährig gezogen.
Blatt: Wechselständig, eiförmig, 6–8 cm lang, Rand gezähnt, hellgrün, rau.
Blüte: Köpfchen, mit goldgelben Zungenblüten, 2–3 cm groß.
Wuchs-/Blütenhöhe: 20/30–40 cm.
Fruchtstand: Köpfchen.
Standort: Frische bis feuchte Böden.
Verwendung: Rabattenpflanze, für Balkonkästen.
Vermehrung: Aussaat II–III unter Glas bei 20–22 °C.
Kultur: Durchlässiger Boden. Pikieren, hoher Wärme- und Feuchtigkeitsbedarf, ab V ins Freie pflanzen. Erde darf nie austrocknen.
Sorten: 'Showstar', goldgelb, Blüte 4 cm breit, 25 cm hoch, kompakt. 'Goldmillion', goldgelb, früh und reich blühend, 30 cm.
Hinweise: Auf Weiße Fliege und Blattläuse achten.

Mentzelia lindleyi
(Syn. *Bartonia aurea*)
Mentzelie
Loasaceae, Brennwindengewächse

Heimat: Kalifornien; subtropisch, mediterran.
Wuchsform: Buschig, aufrecht. Einjährig.
Blatt: Gegenständig, lanzettlich, fiederspaltig, 6–8 cm, grün, leicht behaart.
Blüte: Sternförmig, 5-zählig, 4–6 cm, tiefgelb, in Trugdolden.
Wuchs-/Blütenhöhe: 30/50–70 cm.
Frucht: Kapsel.
Standort: Durchlässige Böden in voller Sonne.
Verwendung: Beet- und Rabattenpflanze, im Steingarten, zwischen Pflasterfugen, Bienenweide.
Vermehrung: Aussaat im IV an Ort und Stelle. Keimdauer 14–20 Tage.
Kultur: In nährstoffarmen Böden, Abstand etwa 25 cm.
Hinweise: Späteres Verpflanzen wird schlecht vertragen.

Mentzelia lindleyi	Mimulus × hybridus
einjährig	*einjährig*
VII–VII	*VI–IX*
Sonne	*Halbschatten*
–	–
Beet, Rabatte	*Beet, Balkon*

Mimulus × hybridus
Gauklerblume
Scrophulariaceae, Braunwurzgewächse

Heimat: Arten aus West-Amerika und Chile; mediterran.
Wuchsform: Buschig, horstbildend. Einjährig.
Blatt: Gegenständig, eiförmig, glänzend dunkelgrün, Rand gesägt, 3–5 cm lang.
Blüte: Trichterblüte, zygomorph, 4–5 cm groß, je nach Sorte orange, gelb oder mehrfarbig gefleckt, in endständigen Trauben.
Wuchs-/Blütenhöhe: 20/30 cm.
Frucht: Kapsel.
Standort: Tiefgründige, frische bis feuchte Böden im Halbschatten
Verwendung: Am Wasserrand, im Steingarten, für Pflanzgefäße.
Vermehrung: Aussaat von II–IV mit Vorkultur unter Glas. 1500 Samenkörner ergeben 1000 Pflanzen.
Kultur: TKS, Substrat nie austrocknen lassen, ab Mitte V ins Freie pflanzen.
Sorten: 'Malibu Orange', orangerot; 'Malibu Yellow', gelb (Bild).

Mirabilis jalapa
Wunderblume
Nyctaginaceae, Wunderblumengewächse

Heimat: Peru, verbreitet im tropischen Amerika; subtropisch.
Wuchsform: Aufrecht, buschig. Staude mit knolligen Wurzeln, meist einjährig kultiviert.
Blatt: Wechselständig, herzförmig, 6–8 cm, Rand gewimpert, grün.
Blüte: Trichterförmig mit langer Röhre, 3–4 cm breit, in Rot, Rosa, Gelb, Weiß oder Farbmischungen, in endständigen Büscheln.
Wuchs-/Blütenhöhe: 40/60–100 cm.
Frucht: Schließfrucht.
Standort: Durchlässige, nährstoffreiche Böden in sonniger Lage.
Verwendung: Beete und Rabatten.
Vermehrung: Aussaat III–IV unter Glas. Keimdauer 8–14 Tage.
Kultur: Humose Substrate. Hoher Nährstoff- und Wasserbedarf.
Sorten: 'Prachtmischung'.
Besonderes: Die Art wurde von Mendel zu Vererbungsforschungen benutzt.

Mirabilis jalapa		Moluccella laevis
einjährig, Staude		*einjährig*
VI–X		*VII–VIII*
Sonne		*Sonne*
–		*–*
Beet, Kübel, Rabatte		*Beet, Schnitt*

Moluccella laevis
Muschelblume
Lamiaceae, Lippenblütler

Heimat: West-Asien; gemäßigt.
Wuchsform: Straff aufrecht. Einjährig.
Blatt: Gegenständig, kreisrund, lang gestielt, gekerbt, 2–3 cm , graugrün, glänzend.
Blüte: Weiße Lippenblüte, unscheinbar, 1 cm groß, eigentliche Zierde sind die grünen Kelchblätter („Muscheln") von 2–3 cm Durchmesser, bis 30 cm lange Ähren.
Wuchs-/Blütenhöhe: 40/60–100 cm.
Frucht: Nüsschen.
Standort: Lockere Gartenböden in voller Sonne.
Verwendung: Beetpflanze, Schnittpflanze, Trockenschmuck.
Vermehrung: Aussaat unter Glas im IV. Keimdauer 14–30 Tage.
Blüht 15 Wochen nach der Aussaat.
Kultur: Humose, nährstoffreiche Erden. Regelmäßige Nachdüngung und Wassergaben sind wichtig.
Hinweise: Auf Grauschimmel, Blattläuse und Raupenbefall achten.

Myosotis sylvatica
Wald-Vergissmeinnicht
Boraginaceae, Boretschgewächse

Heimat: Europa bis Sibirien, mit vielen Hybriden; gemäßigt.
Wuchsform: Breit aufrecht, buschig. Staude. Die Sorten werden meist zweijährig kultiviert.
Blatt: Wechselständig, lanzettlich, 6–8 cm, graugrün, rau behaart.
Blüte: Radiär, 4–6 mm groß, blau mit gelbem Auge, in endständigen Wickeln.
Wuchs-/Blütenhöhe: 10–30/15–40 cm.
Frucht: Nüsschen.
Standort: Humose Böden.
Verwendung: Beetpflanze, als Unterpflanzung zu Tulpen, zur Grabbepflanzung, für Pflanzgefäße.
Vermehrung: Aussaat von VI–VII ins Freiland, Samen leicht abdecken. Aussaat unter Glas von II–III bei 18 °C ermöglicht einjährige Kultur.
Kultur: Sandig humoser Boden.
Sorten: 'Amethyst', indigoblau, 15 cm; 'Compindi', dunkelviolett, 15 cm (Bild); 'Wallufer Schnitt', bewährte Schnittsorte, himmelblau.

Staude, zweijährig		*Staude, Zwiebelpflanze*
III–V		*II–III*
Sonne bis Halbschatten		*Sonne*
Reisigschutz		*frosthart*
Beet, Gefäß, Grab		*Beet, Topf*

Narcissus cyclamineus
Alpenveilchen-Narzisse
Amaryllidaceae, Amaryllisgewächse

Heimat: Spanien bis Portugal; gemäßigt.
Wuchsform: Aufrecht, locker horstbildend. Ausdauernde Zwiebelpflanze.
Blatt: Schopfig, schmal lineal, gekielt, 12–30 cm lang, grün, zieht nach der Blüte ein.
Blüte: Nickend, Krone schlank, röhrenförmig, Blütenhülle zurückgeschlagen, goldgelb, besonders früh blühend, meist einblütig.
Wuchs-/Blütenhöhe: 12/15–20 cm.
Frucht: Fleischige Kapsel, 3-teilig.
Standort: Sommertrockene, mäßig nährstoffreiche Böden, sonnig.
Verwendung: Kleine Gruppen im Steingarten unter Sträuchern, Topfpflanze (vorgetrieben).
Vermehrung: Brutzwiebeln, im Sommer abnehmen, ab IX pflanzen.
Kultur: Lehmig humoser Boden.
Sorten: 'February Gold', goldgelb, 30 cm; 'Tête-à-Tête', hellgelb, Trompete dunkelgelb, 30 cm, Hauptsorte.

Narcissus papyraceus
Weihnachts-Narzisse
Amaryllidaceae, Amaryllisgewächse

Heimat: Spanien bis Dalmatien; mediterran.
Wuchsform: Aufrecht, locker horstbildend. Nicht frostharte Zwiebelpflanze, einjährig kultiviert.
Blatt: Schopfig, schmal, 30–40 cm lang, glänzend, grün, zieht nach der Blüte ein.
Blüte: Krone tassenförmig, 2 bis 6 Blüten pro Stiel, rein weiß, duftend.
Wuchs-/Blütenhöhe: 40/50 cm.
Frucht: Fleischige Kapsel, 3-teilig.
Standort: Durchlässige, lehmige Böden in voller Sonne
Verwendung: Schnittpflanze, präparierte Zwiebeln zur Treiberei.
Vermehrung: Brutzwiebeln im Sommer abnehmen, ab IX pflanzen.
Kultur: Zur Treiberei Zwiebeln in Schalen auf Kies stellen, Wasser bis zum Zwiebelboden dazugeben. Blüte erscheint nach etwa 4 Wochen. Zwiebeln können nach der Blüte auf den Kompost.
Sorten: 'Totus Albus Grandiflorus', 35–50 cm, rein weiß, starker Duft.

einjährig, Zwiebelpflanze	*Staude, Zwiebelpflanze*
XII–I	*IV–V*
Sonne	*Sonne*
–	*frosthart*
Schnitt	*Beet*

Narcissus poeticus
Dichter-Narzisse, Weiße Narzisse
Amaryllidaceae, Amaryllisgewächse

Heimat: Spanien bis Griechenland; gemäßigt.
Wuchsform: Aufrecht, locker horstbildend. Ausdauernde Zwiebelpflanze.
Blatt: Schopfig, schmal lineal, gekielt, 20–30 cm lang, grün, zieht nach der Blüte ein.
Blüte: Nickend, Krönchen orange; Blütenhülle weiß, duftend.
Wuchs-/Blütenhöhe: 30/40 cm.
Frucht: Fleischige Kapsel, 3-teilig, selten.
Standort: Nährstoffreiche Böden, sonnig, in der Natur auf Bergwiesen.
Verwendung: Beetpflanze, in kleinen Gruppen, im Vorfrühling sehr hübsch unter Sträuchern.
Vermehrung: Brutzwiebeln, im Sommer abnehmen, ab IX pflanzen.
Kultur: Lehmig humose Böden.
Sorten: 'Actaea', weiß, Krönchen orange, 40 cm, zuverlässig blühend, duftend.

Nelumbo nucifera
Lotosblume
Nelumbonaceae, Lotosgewächse

Heimat: Östliches Europa bis Ost-Asien; subtropisch, tropisch.
Wuchsform: Aufrecht, Rhizome in über 10 cm Wassertiefe. Sumpfstaude.
Blatt: Wechselständig, rund, bis 50 cm groß, Stiele über 100 cm lang, blaugrün. Wasser perlt ab.
Blüte: Radiär, 15–30 cm groß, weiß bis rosa.
Wuchs-/Blütenhöhe: 50–100/80–150 cm.
Frucht: Kapsel, groß, sich konisch verjüngend; Samen groß, kugelig.
Standort: Vollsonnig, nährstoffreiche Böden, immer im Wasser.
Verwendung: Für Teiche und Kübel mit mindestens 30 cm Erd- und 10 cm Wassertiefe.
Vermehrung: Teilung der Rhizome.
Kultur: In große Gefäße und nährstoffreiche Erde pflanzen, wärmeliebend. Im Winter mit Reisig oder Laub abdecken, wenn Beckenwasser abgelassen ist.
Sorten: 'Alba Plena', weiß gefüllt.

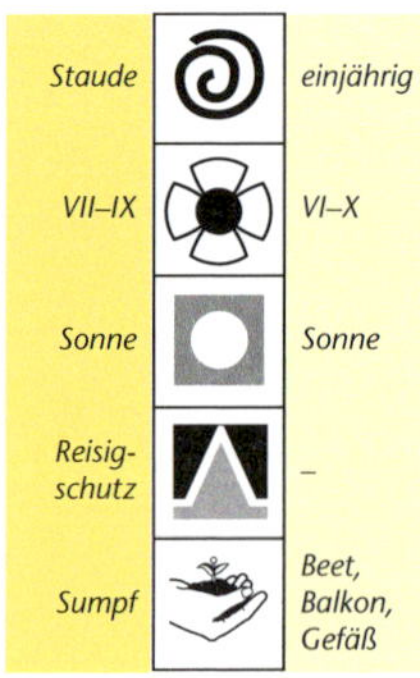

Nemesia strumosa
Elfenspiegel
Scrophulariaceae, Braunwurzgewächse

Heimat: Südliches Afrika. Viele Hybriden; mediterran.
Wuchsform: Buschig, horstbildend. Einjährig.
Blatt: Gegenständig, lanzettlich, 4–5 cm, Rand leicht gesägt, grün.
Blüte: Rachenblüte zygomorph, 5-zählig, 1,5–2 cm, gelb, orange, rot, blau oder weiß, in Ähren.
Wuchs-/Blütenhöhe: 20–30 cm.
Frucht: Kapsel.
Standort: Durchlässige Böden.
Verwendung: Beet- und Rabattenpflanze, flächig zwischen Stauden.
Vermehrung: Aussaat unter Glas von II–IV.
Kultur: Nährstoffarmes Substrat. Keimtemperatur 12 °C bis maximal 16 °C, Keimdauer 10–20 Tage. In Tuffs pikieren, hell und luftig stellen, ab Mitte V ins Freiland pflanzen.
Sorten: 'Blauer Vogel', himmelblau; 'Feuerkönig', scharlachrot.
Hinweise: Zweite Blüte im August nach Rückschnitt im VI.

Nemophila menziesii
Gefleckte Hainblume
Hydrophyllaceae, Wasserblatt-gewächse

Heimat: Westliche USA: Nevada, Kalifornien; mediterran, subtropisch.
Wuchsform: Breitbuschig, vieltriebig, polsterförmig. Einjährig.
Blatt: Gegenständig, fiederschnittig, 4–6 cm, grün, rau behaart.
Blüte: Schalenförmig, 5-zählig, 2–3 cm groß, hellblau mit weißer Mitte.
Wuchs-/Blütenhöhe: 10/15–20 cm.
Frucht: Kapsel.
Standort: Durchlässige Böden in halbschattiger Lage, eher für kühlere Plätze (Gebirgsregionen).
Verwendung: Beetpflanze, in kleinen Gruppen für Sommerblumenbeete, Stein- oder Naturgärten.
Vermehrung: Aussaat im Freiland von IV–VI. Keimdauer 14–20 Tage.
Kultur: Sandig humoser Boden. Reihensaat im Abstand von 15 cm, vereinzeln auf 10 cm. Anspruchslos.
Sorten: 'Grandiflora', hellblau.

einjährig	Staude, Zwiebelpflanze
VI–VIII	IX–X
Halbschatten	Sonne
–	temperiertes Haus
Beet	Beet, Topf, Schnitt

Nerine sarniensis
Guernseylilie
Amaryllidaceae, Amaryllis-gewächse

Heimat: Süd-Afrika: Kapland; mediterran.
Wuchsform: Aufrecht, Zwiebel 5 cm groß. Nicht frostharte Zwiebelpflanze.
Blatt: 2-zeilig, grundständig, lanzettlich, 40–70 cm lang, glänzend grün, erscheint nach der Blüte, zieht im Frühling ein.
Blüte: Trichterblüten 6-zählig (Perigon), hellrot, in endständigen Dolden. Blüte erscheint vor Laub.
Wuchs-/Blütenhöhe: 40–60 cm.
Frucht: Beere.
Standort: Durchlässige Böden.
Verwendung: Topfpflanze im Kalthaus.
Vermehrung: Brutzwiebeln. Aussaat.
Kultur: Humose Lehmerde, im VII–VIII auspflanzen. Bei Topfkultur sollen Zwiebeln bis zur Hälfte aus dem Boden ragen. Hell, bei 14–18 °C überwintern.
Weitere Arten: *N. bowdenii* 'Pink Triumph', rosa.
Hinweise: Ruhezeit nach der Blüte einhalten.

Nicotiana × sanderae
Zier-Tabak
Solanaceae, Nachtschatten-gewächse

Heimat: Hybride aus *N. alata* × *N. forgetiana*, stammen aus Südamerika; subtropisch.
Wuchsform: Buschig, vieltriebig. Einjährig.
Blatt: Wechselständig, elliptisch, 8–15 cm lang, flaumig behaart, grün.
Blüte: Röhrenförmige Trichterblüten, 3–5 cm groß, weiß, gelb, rosa oder rot, in endständigen Doldentrauben.
Wuchs-/Blütenhöhe: 40–70 cm.
Frucht: Beere, selten.
Standort: Humose Böden.
Verwendung: Grabbepflanzung.
Vermehrung: Aussaat von II–III unter Glas. Lichtkeimer.
Kultur: In Einheitserde P pikieren, später topfen, ab Mitte V auspflanzen.
Sorten: 'Samba' F1-Hybriden, viele Farbtöne, 25–30 cm.
Hinweise: Auf Blattläuse achten.

Nicotiana sylvestris
Berg-Tabak
Solanaceae, Nachtschatten-gewächse

Heimat: Südamerika: Argentinien; mediterran.
Wuchsform: Buschig, vieltriebig. Einjährig.
Blatt: Wechselständig, elliptisch, 15–30 cm lang, flaumig behaart, grün.
Blüte: Langröhrige Trichterblüten, 3–5 cm groß, weiß, in endständigen Doldentrauben.
Wuchs-/Blütenhöhe: 40–60/70–150 cm.
Frucht: Beere, selten.
Standort: Humose Böden.
Verwendung: Einzelstand.
Vermehrung: Aussaat von II–III unter Glas. 1/2 g Saatgut reicht für 1000 Pflanzen. Samen nicht abdecken (Lichtkeimer), Keimzeit 12–20 Tage bei 18 °C.
Kultur: In Einheitserde P pikieren, später topfen, ab Mitte V auspflanzen.
Sorten: 'Grandiflora', weiß, großblumig, sonst wie die Art.
Hinweise: Auf Schnecken achten.

einjährig		*einjährig*
VI–IX		*VI–IX*
Sonne		*Sonne*
–		–
Beet, Gefäß, Grab		*Beet, Rabatte*

Nierembergia hippomanica
Nierembergie, Becherblume
Solanaceae, Nachtschattengewächse

Heimat: Südamerika: Argentinien; mediterran.
Wuchsform: Polsterförmig, dicht, flach.
Blatt: Gegenständig, linealisch, 1,5–2 cm lang, grün.
Blüte: Becherförmig, 2–3 cm, blau, lila oder weiß, in Trugdolden.
Wuchs-/Blütenhöhe: 20–30 cm.
Frucht: Kapsel (selten).
Standort: Durchlässige Böden.
Verwendung: Für Blumenampeln, zur Grabbepflanzung, im Steingarten.
Vermehrung: Aussaat unter Glas von I–III.
Kultur: In Töpfe mit humoser Erde pikieren, ab Mitte V ins Freie pflanzen. Nur in milden Wintern ausdauernd. Abdecken empfehlenswert, erfriert aber trotzdem häufig.
Sorten: 'Mont Blanc', weiß, dichtbuschig, 15–20 cm; 'Purple Robe', weinrot, 15 cm.

Nigella damascena
Gretel im Busch, Jungfer im Grünen
Ranunculaceae, Hahnenfußgewächse

Heimat: Östliche Mittelmeergebiete; mediterran.
Wuchsform: Aufrecht, buschig. Einjährig.
Blatt: Wechselständig, 3-fach gefiedert, sehr fein, 3–5 cm lang, grün.
Blüte: Radiär, 3–4 cm groß, himmelblau, auch weiß und rosa, endständig.
Wuchs-/Blütenhöhe: 30/40–50 cm.
Frucht: Balgfrucht, eiförmig, dekorativ gehörnt, 5 cm.
Standort: Durchlässige Böden.
Verwendung: Trockenschmuck.
Vermehrung: Aussaat von III–IV ins Freie, in mehreren Sätzen.
Kultur: Durchlässiger Boden.
Sorten: 'Miss Jekyll', himmelblau, 45 cm.
Weitere Arten: *N. sativa*, Echter Schwarzkümmel, Samen dient als Küchengewürz.
Hinweise: Stiele mit Fruchtkapseln in grünem Zustand schneiden und kopfüber trocknen.

Nierembergia hippomanica		Nigella damascena
einjährig, (Staude)		*einjährig*
VII–IX		*VI–IX*
Sonne bis Halbschatten		*Sonne*
Reisigschutz		–
Beet, Balkon, Ampel		*Beet, Rabatte, Schnitt*

Nolana paradoxa
Glockenwinde
Nolanaceae, Glockenwinden-gewächse

Heimat: Chile; subtropisch.
Wuchsform: Kriechend, flach. Einjährig.
Blatt: Gegenständig, gestielt, spatelförmig, 4–5 cm lang, grün.
Blüte: Breit trichterförmig, 4–5 cm groß, blau mit gelbem Schlund.
Wuchs-/Blütenhöhe: 10/10–15 cm.
Frucht: Nussartige Teilfrüchte.
Standort: Durchlässige Böden.
Verwendung: Für Ampeln, im Steingarten. Bodendecker.
Vermehrung: Aussaat unter Glas von II–III in nährstoffarme Substrate. Keimdauer 6–10 Tage.
Kultur: Humoser Boden. Nach der Keimung (etwa 2 Wochen bei 20 °C) in Töpfe pikieren, ab V ins Freie.
Sorten: 'Blauer Vogel', blau, 15–20 cm, kompakt.
Weitere Arten: *N. napiformis* ist ähnlich, blau blühend, hängender und kriechender Wuchs (Bild).

einjährig		*zweijährig*
VI–IX		*VI–X*
Sonne		*Sonne*
–		*frosthart*
Beet, Balkon, Ampel		*Beet*

Oenothera biennis
Gewöhnliche Nachtkerze
Onagraceae, Nachtkerzen-gewächse

Heimat: USA, Mexiko; submediterran.
Wuchsform: Aufrecht, horstbildend. Zweijährig.
Blatt: Grundständige Blattrosette, Einzelblatt lanzettlich, 10–15 cm lang, grün.
Blüte: Schalenblüten, 5–8 cm groß, reingelb, zahlreich in endständiger Traube. Blüten öffnen sich abends und schließen sich am nächsten Vormittag.
Wuchs-/Blütenhöhe: 20/150–200 cm.
Frucht: Längliche Kapsel.
Standort: Jede Bodenart.
Verwendung: Einzeln in Sommerblumen- oder Staudenbeeten.
Vermehrung: Aussaat im Sommer, direkt an Ort und Stelle. Keimdauer 7–14 Tage. Sät sich auch gerne selbst aus.
Kultur: Humoser, auch lehmiger Boden. Nach der Keimung vereinzeln. Überwintert ohne Schutz, blüht im darauf folgenden Jahr.
Hinweise: Der Duft und die Farben locken Nachtschmetterlinge an.

Ornithogalum arabicum
Milchstern
Hyacinthaceae, Hyazinthengewächse

Heimat: Westliches Mittelmeergebiet; mediterran.
Wuchsform: Blätter überhängend, Blütenstiele aufrecht, Zwiebel 4 cm groß, zieht nach der Blüte ein. Mehrjährige Zwiebelpflanze, nicht frosthart.
Blatt: Grundständig, linealisch, 40–60 cm lang.
Blüte: Sternförmig, 3–5 cm groß, weiß mit schwarzer Mitte, 15–20 Einzelblüten in einer Doldentraube.
Wuchs-/Blütenhöhe: 30/40–60 cm.
Frucht: Kapsel.
Standort: Durchlässige Böden.
Verwendung: Beetpflanze, in Gruppen, Topf- und Schnittpflanze.
Vermehrung: Brutzwiebeln im Herbst abnehmen.
Kultur: Nährstoffreiche, aber sandige Substrate. Ab V auspflanzen, vor der Blüte gut düngen und gießen, nach der Blüte trockene Ruhezeit einhalten. Hell, bei 14–18 °C überwintern.
Hinweise: Verträgt viel Trockenheit und Wärme.

Ornithogalum arabicum		Ornithogalum thyrsoides
Staude, Zwiebelpflanze		Staude, Zwiebelpflanze
V–VI		VII–VIII
Sonne		Sonne
temperiertes Haus		temperiertes Haus
Beet, Topf, Schnitt		Beet, Topf, Schnitt

Ornithogalum thyrsoides
Chincherinchee, Milchstern
Hyacinthaceae, Hyazinthengewächse

Heimat: Südliches Afrika; mediterran.
Wuchsform: Blätter überhängend, Blütenstiele aufrecht, Zwiebel 5 cm, zieht nach der Blüte ein. Mehrjährige Zwiebelpflanze, nicht frosthart.
Blatt: Grundständig, linealisch, fleischig, 40–60 cm lang, grün.
Blüte: Sternförmig, 3–5 cm groß, weiß mit grüner Mitte, 20–30 Einzelblüten in einer pyramidenförmigen Doldentraube.
Wuchs-/Blütenhöhe: 30/40–70 cm.
Frucht: Kapsel.
Standort: Durchlässige Böden.
Vermehrung: Brutzwiebeln im Herbst abnehmen.
Kultur: Nährstoffreiche, aber sandige Substrate. Ab V auspflanzen, vor der Blüte gut düngen und gießen, nach der Blüte trockene Ruhezeit einhalten. Hell, bei 14–18 °C, überwintern oder jährlich neu pflanzen.
Hinweise: Verträgt viel Trockenheit und Wärme. (Bild: 'Dubium').

Osteospermum ecklonis
Kapkörbchen
Asteraceae, Asterngewächse

Heimat: Südliches Afrika; mediterran, subtropisch.
Wuchsform: Polsterförmig, dichtbuschig. Mehrjähriger Halbstrauch oder Strauch, meist einjährig kultiviert, da nicht frosthart.
Blatt: Wechselständig, lanzettlich, gezähnt, 8–10 cm lang, glänzend grün.
Blüte: Köpfchen, 5–8 cm groß, mit weißen, gelben oder roten sowie blauen Röhrenblüten.
Wuchs-/Blütenhöhe: 20/40–70 cm.
Fruchtstand: Körbchen.
Standort: Durchlässige Böden.
Verwendung: Pflanzgefäße.
Vermehrung: Aussaat von IX–II in Einheitserde (Torf-Ton-Gemisch). Keimdauer 7–10 Tage. Sorten werden durch Stecklinge im II vermehrt.
Kultur: Humoser Boden. Nach der Wurzelbildung eintopfen, mehrfach pinzieren, ab V ins Freie pflanzen. Helle Überwinterung bei 14–18 °C.
Sorten: 'Buttermilk', gelb; 'Whirligig', weiße, gedrehte Blütenblätter.

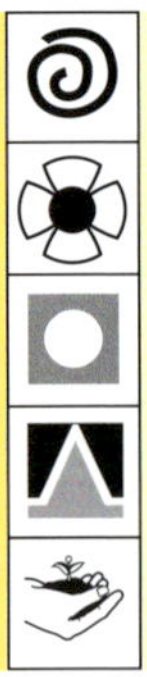

einjährig, Halbstrauch	Staude
V–X	V–VIII
Sonne	Sonne
temperiertes Haus	Reisigschutz
Beet, Rabatte, Gefäß	Rabatte, Schnitt

Papaver nudicaule
Island-Mohn
Papaveraceae, Mohngewächse

Heimat: Subarktische Gebiete Amerikas und Asiens; gemäßigt, subarktisch.
Wuchsform: Horstbildend, mit grundständiger Blattrosette. Kurzlebige Staude.
Blatt: Rosettenbildend, Einzelblatt fiederspaltig, behaart, 6–10 cm lang, bläulich grün.
Blüte: Schalenförmig, 5–7 cm groß, weiß, gelb, rot oder orange, an blattlosem, behaarten Stängel, im Knospenstadium nickend.
Wuchs-/Blütenhöhe: 10/20–40 cm.
Frucht: Kapsel, Streufrucht.
Standort: Durchlässige, kalkarme Böden in voller Sonne.
Verwendung: Für Steingärten.
Vermehrung: Aussaat von XI–I unter Glas, Keimdauer 2–3 Wochen.
Kultur: Sandiger Boden. Nach der Keimung Sämlinge in Töpfe pikieren, ab V ins Freie pflanzen. Wird meist ein- oder zweijährig kultiviert.
Sorten: 'Giganteum Prachtmischung', großblumig, 50 cm; 'Wunderland', Mischung von Weiß, Gelb, Orange, Rot, 30 cm.

Papaver rhoeas
Klatsch-Mohn (Wildart)
Papaveraceae, Mohngewächse

Heimat: Europa, West-Asien; gemäßigt, mediterran.
Wuchsform: Aufrecht. Einjährig.
Blatt: Wechselständig, spatelförmig, mehrfach gefiedert, Rand gezähnt, 6 10 cm lang, grün, wie die Stängel Milchsaft führend.
Blüte: Schalenförmig, 4–6 cm. Rot mit schwarzem Basalfleck, endständig, Stängel borstig behaart.
Wuchs-/Blütenhöhe: 20/30–80 cm.
Frucht: Kapsel, Streufrucht.
Standort: Durchlässige, auch lehmige Böden in voller Sonne.
Verwendung: Sorten als Beet- und Rabattenpflanzen, zum Schnitt; die Wildart für Naturgärten und Böschungen.
Vermehrung: Aussaat im Herbst unter Glas, ab III Direktsaat ins Freie. Keimdauer 14–20 Tage.
Kultur: Sandig lehmiger Boden. Im V auspflanzen.
Sorten: 'Shirley', Seiden-Mohn, in vielen Farben, oft gefüllte Blüten.

Papaver somniferum
Schlaf-Mohn, Garten-Mohn
Papaveraceae, Mohngewächse

Heimat: Westliches Mittelmeergebiet, Kanarische Inseln; mediterran.
Wuchsform: Aufrecht, Stängel wenig verzweigt.
Blatt: Wechselständig, gewellt, 20–30 cm lang, hellgrün.
Blüte: Schalenförmig, 10–15 cm groß, rosa, rot oder weiß, jeweils mit dunklem Basalfleck, einfach oder gefüllt, endständig.
Wuchs-/Blütenhöhe: 30/80–100 cm.
Frucht: Runde Kapsel, Streufrucht.
Standort: Humose, auch durchlässige Böden in voller Sonne.
Verwendung: Einzeln oder in Gruppen, Samenkapseln als Trockenschmuck.
Vermehrung: Aussaat von III–IV an Ort und Stelle.
Kultur: Lehmiger Boden. Reihensaat, nach Auflaufen vereinzeln.
Sorten: 'Bombast', gefüllte Blüten in Rot oder Rosa; 'Danebrog', rot-weiß.
Besonderes: Samen für Backwaren..
Hinweise: Anbau genehmigungspflichtig.

Papaver rhoeas	Papaver somniferum
einjährig	*einjährig*
V–VII	*VI–VIII*
Sonne	*Sonne*
–	*–*
Beet, Rabatte, Schnitt	*Beet, Schnitt*

Pelargonium peltatum

Efeu-Pelargonie, „Hänge-Geranie"
Geraniaceae, Storchschnabelgewächse

Heimat: Süd-Afrika, viele Züchtungen bekannt; mediterran, subtropisch.
Wuchsform: Niederliegend, hängend, brüchig.
Blatt: Wechselständig, handförmig, 5- bis 7-lappig, 4–5 cm lang und breit, fleischig, glänzend grün.
Blüte: Zygomorph, 2–3 cm groß, rosa, rot, weiß oder violett, einfach oder gefüllt, in end- und achselständigen Dolden.
Wuchs-/Blütenhöhe: 30–40/40–50 cm, bis 100 cm herabhängend.
Frucht: Storchschnabelartig.
Standort: Nährstoffreiche Böden.
Verwendung: Kübelpflanze.
Vermehrung: Stecklinge von VIII–IX, von überwinterten Pflanzen auch von II–IV. Aussaat mit Vorkultur von XI–II, Keimdauer 7–10 Tage.
Kultur: Bewurzelte Stecklinge topfen und kühl überwintern. Ab III flüssig nachdüngen. Ab X einräumen, hell, bei 14–18 °C überwintern.
Sorten: 'Balcon Imperial', rot, einfach.

Pelargonium peltatum	*Pelargonium zonale*
Halbstrauch	*Halbstrauch*
V–X	*IV–X*
Sonne	*Sonne*
temperiertes Haus	*temperiertes Haus*
Beet, Kübel, Balkon	*Beet, Balkon, Grab*

Pelargonium zonale

Zonal-Pelargonie, Aufrechte Pelargonie, Gürtel-Pelargonie
Geraniaceae, Storchschnabelgewächse

Heimat: Süd-Afrika: Kapland; mediterran.
Wuchsform: Aufrecht, breitbuschig.
Blatt: Wechselständig, rund-herzförmig, gelappter Rand, 6–12 cm lang und breit, rau behaart, grün mit matt rotem Band.
Blüte: Zygomorph, 3–4 cm groß, weiß, rosa, rot, lila oder mehrfarbig, einfach oder gefüllt, in Dolden.
Wuchs-/Blütenhöhe: 40–60 cm.
Frucht: Storchschnabelartig.
Standort: Nährstoffreiche Böden.
Verwendung: Grabbepflanzung.
Vermehrung: Stecklinge von VIII–IX in Sand-Torfgemisch. Aussaat von XII–I unter Glas.
Kultur: Ab I in 10-cm-Töpfe topfen, Einheitserde ED 73. Junge Pflanzen stutzen. Ab X einräumen, hell, bei 14–18 °C überwintern.
Sorten: 'Agnes Bernauer', rot (Bild).

Pennisetum setaceum
Lampenputzergras
Poaceae, Süßgräser

Heimat: Tropisches Afrika, Südwest-Asien; mediterran, subtropisch.
Wuchsform: Aufrecht, horstbildend. Je nach Klima einjährig bis ausdauernde Staude.
Blatt: 2-zeilig, linealisch, 30 cm lang, grün, im Herbst braun.
Blüte: Bis 25 cm lange, endständige Ähre, weiß, rosa überhaucht.
Wuchs-/Blütenhöhe: 30/90–120 cm.
Frucht: Karyopse.
Standort: Durchlässige Böden.
Verwendung: Beetpflanze, Schnittpflanze, Trockenschmuck.
Vermehrung: Aussaat im III unter Glas. Keimdauer 10–14 Tage.
Kultur: Sandiger Boden. Keimlinge in Töpfe pikieren, ab Mitte V ins Freie pflanzen. Wird in der Regel einjährig gezogen, kann aber in milden Wintern überdauern.
Weitere Arten: *P. villosum*, 60 cm hoch, walzenförmige, weiße Ähren, 12 cm lang.

einjährig, Staude		*einjährig*
VIII–X		*VI–IX*
Sonne		*Sonne*
Reisig-schutz		*–*
Beet, Schnitt		*Beet, Schnitt*

Penstemon gentianoides
(Syn. *P.* × *hybridus*)
Bartfaden
Scrophulariaceae, Braunwurzgewächse

Heimat: Westliches Nordamerika, Mittel-Amerika; subtropisch, gemäßigt.
Wuchsform: Aufrecht, buschig. Nicht frosthart.
Blatt: Gegenständig, eiförmig zugespitzt, 8–12 cm lang, grün.
Blüte: Glockenförmig, 4–5 cm lang, rosa, rot, lila oder weiß, in Trauben.
Wuchs-/Blütenhöhe: 30/60–80 cm.
Frucht: Kapsel.
Standort: Humose, durchlässige Gartenböden in sonnigen Lagen.
Verwendung: Beetpflanze, für Stauden- und Sommerblumenbeete, Schnittpflanze.
Vermehrung: Aussaat von II–III unter Glas, Keimzeit 15–20 Tage.
Kultur: Nährstoffreiche Humuserde, ab Mitte V auspflanzen. Sehr wärmebedürftig, bei uns nicht frosthart.
Sorten: 'Öschberg', rein weiß, 60 cm; 'Scharlachkönigin', rot, 75 cm.

Persicaria capitata
(Syn. *Polygonum capitatum*)
Kriechender Knöterich
Polygonaceae, Knöterichgewächse

Heimat: Ost-Asien: Nordindien, Himalaja; subtropisch.
Wuchsform: Kriechend, rasch wachsend. Nicht frostharte Staude, daher meist einjährig kultiviert.
Blatt: Wechselständig, eiförmig, 3–4 cm lang, bräunlich grün.
Blüte: Glockenförmige, winzige Blüten, 2–3 mm, weißrosa, in dichten Trauben, 1–1,5 cm groß.
Wuchs-/Blütenhöhe: 10/15–20 cm.
Frucht: Nüsschen.
Standort: Humose Böden.
Verwendung: Bodendecker.
Vermehrung: Aussaat II–III unter Glas. Sät sich auch selbst aus.
Kultur: Jungpflanzen in TKS eintopfen, ab V ins Freie pflanzen.
Sorten: 'Afghan', weiß, blüht noch reichlicher als die Art, 15–20 cm.
Weitere Arten: *P. orientalis*, Östlicher Knöterich, bis 200 cm, rote Glockenblüten in hängenden Trauben.

Persicaria capitata		Petunia × atkinsiana
einjährig (Staude)		*einjährig*
V–IX		*VI–X*
Sonne bis Halbschatten		*Sonne*
–		*–*
Beet, Balkon, Boden		*Beet, Gefäß, Grab*

Petunia × atkinsiana
(Syn. *Petunia*-Hybriden)
Garten-Petunie
Solanaceae, Nachtschattengewächse

Heimat: Hybride aus *P. axillaris* × *P. integrifolia*, die Arten stammen aus Südamerika; tropisch, subtropisch.
Wuchsform: Buschig, je nach Sorte aufrecht bis überhängend. Einjährig kultiviert.
Blatt: Gegenständig, eiförmig, 3–4 cm lang, drüsig filzig behaart, grün.
Blüte: Trichterförmig, 3–5 cm groß, in vielen Farbtönen, auch mehrfarbig, in end- und achselständigen Trugdolden, duftend.
Wuchs-/Blütenhöhe: 20/20–30 cm.
Frucht: Kapsel.
Standort: Humose Böden.
Verwendung: Grabbepflanzung.
Vermehrung: Aussaat von I–III in TKS. Keimzeit 2–3 Wochen.
Kultur: Humoser Boden. Keimlinge direkt in Töpfe pikieren.
Sorten: Grandiflora-Gruppe: großblumig. 'Marathon Weinrot', weinrot, regenfest; (Bild: 'Astro').

Petunia × atkinsiana
Hänge-Petunie
Solanaceae, Nachtschattengewächse

Heimat: Hybride aus *P. axillaris* × *P. integrifolia*; die Arten stammen aus Südamerika; tropisch.
Wuchsform: Buschig, hängend, kriechend.
Blatt: Gegenständig, eiförmig, 3–4 cm lang, drüsig filzig behaart, grün.
Blüte: Trichterförmig, 3–5 cm groß, in vielen Farbtönen, auch mehrfarbig, in end- und achselständigen Trugdolden, duftend.
Wuchs-/Blütenhöhe: 20/20–30 cm, oft bis 80 cm herabhängend.
Frucht: Kapsel.
Standort: Tiefgründige, humose Böden in sonnigen Lagen.
Verwendung: Schalen und Ampeln.
Vermehrung: Stecklinge von II–III.
Kultur: Ab III in humoses Substrat (pH 5) topfen, mehrmals nachdüngen, nicht austrocknen lassen.
Sorten: Surfinia: 'Blue Vein', sehr zartes Blasslila; 'Revolution', lilarot.

einjährig		*einjährig, zweijährig*
VI–X		*VI–X*
Sonne		*Sonne*
–		–
Beet, Balkon, Ampel		*Balkon, Ampel, Grab*

Petunia integrifolia
(Syn. *P. violacea*)
Petunie
Solanaceae, Nachtschattengewächse

Heimat: Südamerika: Brasilien, Argentinien, Uruguay; tropisch, subtropisch.
Wuchsform: Buschig, aufrecht bis überhängend.
Blatt: Gegenständig, eiförmig, 3–4 cm lang, drüsig filzig behaart, grün.
Blüte: Trichterförmig, 2–3 cm groß, in vielen Farbtönen, besonders reich blühend, in end- und achselständigen Trugdolden.
Wuchs-/Blütenhöhe: 20/20–30 cm.
Frucht: Kapsel.
Standort: Tiefgründige, humose Böden in sonnigen Lagen.
Verwendung: Für Schalen, zur Grabbepflanzung.
Vermehrung: Aussaat von I–III in TKS, Keimzeit 2–3 Wochen bei 18 °C.
Kultur: Humoser Boden.
Sorten: 'Million Bells'-Serie: 'Terracotta', gelbbraun. 'Carillon Dark Red', dunkelrot, kompakt, reich blühend (Bild).

Phacelia campanularia

Bienenfreund
Hydrophyllaceae, Wasserblattgewächse

Heimat: Colorado, Kalifornien; subtropisch.
Wuchsform: Aufrecht, buschig. Einjährig.
Blatt: Wechselständig, herzförmig, gezähnt, 3–5 cm lang, grün.
Blüte: Glockenförmig, 5-zählig, 2–3 cm breit, dunkelblau.
Wuchs-/Blütenhöhe: 15/15–30 cm.
Frucht: Kapsel.
Standort: Humose, durchlässige Böden in Sonne und Halbschatten.
Verwendung: Steingarten, Bienenweide.
Vermehrung: Aussaat im III unter Glas, ab IV ins Freiland. Keimdauer 7–14 Tage.
Kultur: Nach der Keimung direkt in Töpfe mit TKS pikieren. Blüten erscheinen nach 6 Wochen.
Sorten: 'Blaues Wunder', dunkelblau, 15–30 cm.
Hinweise: Zierliche, reich blühende Pflanze mit herrlicher Blütenfarbe.

Phacelia campanularia		Phacelia congesta
einjährig		*einjährig*
VI–IX		*VI–X*
Sonne bis Halbschatten		*Sonne*
–		–
Beet, Rabatte, Balkon		*Beet*

Phacelia congesta

(Syn. *P. tanacetifolia*)
Büschelschön, Rainfarn-Phacelie, Bienenfreund
Hydrophyllaceae, Wasserblattgewächse

Heimat: Arizona, Kalifornien, Texas, Nordmexiko; mediterran, subtropisch.
Wuchsform: Aufrecht, buschig. Einjährig.
Blatt: Wechselständig, doppelt gefiedert, 5–12 cm lang, grün.
Blüte: Sternförmig, 5-zählig, 1–2 cm breit, blasslila, lange Staubgefäße, reich blühend in end- und achselständigen Wickeln.
Wuchs-/Blütenhöhe: 25/30–70 cm.
Frucht: Fächerige Kapsel.
Standort: Durchlässige Böden in sonnigen Lagen.
Verwendung: Beet- und Rabattenpflanze, Gründüngerpflanze, Bienenweide.
Vermehrung: Aussaat ab IV direkt ins Freiland, breitwürfig oder in Reihen. Keimdauer 7–14 Tage.
Kultur: Auch für nährstoffarme Böden geeignet. Keimt rasch.
Hinweis: Hautentzündung möglich.

Phaseolus coccineus
Feuer-Bohne
Fabaceae, Hülsenfrüchtler

Heimat: Mittel-Amerika, Mexiko; tropisch.
Wuchsform: Aufrechter, rasch wachsender Schlinger. Einjährig.
Blatt: Wechselständig, herzförmig, 3-zählig, 7–12 cm lang, grün.
Blüte: Schmetterlingsblüte, 2 cm, scharlachrot, in achselständigen Trauben.
Wuchs-/Blütenhöhe: 150–300 cm.
Frucht: Breite Hülse, 25–30 cm lang, Samen rötlich-weiß, 2 cm lang.
Standort: Lehmig humose Böden.
Verwendung: Begrünung von Rankgerüsten, Zäunen, Pergolen; in Kübeln; guter Sichtschutz.
Vermehrung: Aussaat ab Mitte V am Standort. Dabei 3–4 Bohnen in Horsten 3–4 cm tief auslegen.
Kultur: Lehmiger Boden. Pflanzen bald nach der Keimung aufbinden.
Sorten: ‘Painted Lady’, rot-weiß; ‘Preisgewinner’, scharlachrot; beide 150–300 cm hoch.
Hinweise: Früchte und Samen sind gekocht essbar.

Phaseolus coccineus		Phlox drummondii
einjährig		*einjährig*
VI–X		*VII–X*
Sonne		*Sonne*
–		–
Kübel, klettert		*Beet, Balkon, Schnitt*

Phlox drummondii
Einjähriger Phlox, Sommer-Phlox
Polemoniaceae, Himmelsleitergewächse

Heimat: Mexiko, Texas; subtropisch.
Wuchsform: Buschig, aufrecht. Einjährig.
Blatt: Gegenständig, lanzettlich zugespitzt, 3–4 cm lang, grün.
Blüte: Sternförmig, 2 cm groß, rot, rosa, weiß oder auch mehrfarbig, in endständigen Trugdolden.
Wuchs-/Blütenhöhe: 20/25–60 cm.
Frucht: Kapsel.
Standort: Humose Böden.
Verwendung: Steingarten, hohe Sorten als Schnittpflanzen.
Vermehrung: Aussaat von III–IV unter Glas.
Kultur: Sandiger Boden. Sämlinge in Töpfe pikieren, ab V ins Freiland.
Sorten: ‘Beauty’, karminrot, 20 cm; ‘Sternenzauber’, in Rot-Weiß, Rot, Purpur, gezackte Blüten, 20 cm. Im Handel sind vorwiegend Farbmischungen.
Hinweise: Ein Rückschnitt nach der Blüte fördert eine weitere Blüte.

Pilea microphylla
Kanonierblume
Urticaceae, Nesselgewächse

Heimat: Tropisches Amerika; tropisch.
Wuchsform: Breit, teppichbildend. Nicht frostharte Staude, meist einjährig kultiviert.
Blatt: Gegenständig, eiförmig, 1–5 mm groß, grün.
Blüte: 4-zählig, 2–3 mm groß, gelbgrün, unscheinbar.
Wuchs-/Blütenhöhe: 10–25/10–25 cm.
Frucht: Nüsschen.
Standort: Humose Böden in sonniger Lage.
Verwendung: Im Sommer ausgepflanzt als Beet- und Rabattenpflanze, Bodendecker; ganzjährig im Zimmer oder Wintergarten.
Vermehrung: Triebstecklinge von III–IV unter Glas.
Kultur: Einheitserde. Für teppichartige Verzweigung junge Pflanzen mehrmals entspitzen, ab V ins Freiland pflanzen oder stellen.
Hinweise: Der Pollen wird regelrecht weggeschleudert, daher der deutsche Name „Kanonierblume“.

Pilea microphylla		Plectranthus forsteri
einjährig (Staude)		*Staude*
V–VII		*VIII–IX*
Sonne		*Sonne bis Halbschatten*
Kalthaus		*Kalthaus*
Beet, Boden, Topf		*Gefäße*

Plectranthus forsteri
Harfenstrauch, Mottenkönig
Lamiaceae, Lippenblütler

Heimat: Südostindien; subtropisch.
Wuchsform: Niederliegend, lang herabhängende Triebe. Nicht frostharte Staude.
Blatt: Gegenständig, eiförmig, Rand gekerbt, 2–3 cm lang, grün.
Blüte: Lippenblüte, 2-lappig, weiß, 1,5 cm, in aufrechten Trauben.
Wuchs-/Blütenhöhe: 20/20 cm. Triebe über 100 cm herabhängend.
Frucht: Nüsschen.
Standort: Humose, durchlässige Böden in Sonne und Halbschatten.
Verwendung: Strukturpflanze, für Pflanzgefäße jeder Art.
Vermehrung: Stecklinge von II–IV.
Kultur: In Einheitserde topfen, bei 15–18 °C kultivieren. Junge Pflanzen stutzen, damit sie sich gut verzweigen. Ab V ins Freie pflanzen. Frostfrei im Kalthaus überwintern.
Sorten: 'Marginatus', weiß-grün panaschiertes, samtig behaartes Laub.

Portulaca grandiflora
Portulakröschen
Portulacaceae, Portulakgewächse

Heimat: Südamerika: Argentinien, Brasilien, Uruguay; subtropisch, tropisch.
Wuchsform: Niederliegend, Triebe fleischig, saftig.
Blatt: Nadelförmig, 1–2,5 cm lang, sukkulent.
Blüte: Schalenförmig, 3–4 cm groß, rosa, rot, weiß, gelb und viele Zwischentöne, einfach oder gefüllt.
Wuchs-/Blütenhöhe: 10/15 cm.
Frucht: Kapsel.
Standort: Durchlässige Böden.
Verwendung: Für Steingarten und Sukkulentengärtchen.
Vermehrung: Aussaat mit Vorkultur unter Glas von III–V. Man rechnet 1–2 g Saatgut für 1000 Pflanzen. Das Auslegen von 3–5 Samenkörnern je Topf erspart das Pikieren.
Kultur: Einheitserde mit Sandzusatz. Keimdauer 1–2 Wochen bei 18–26 °C.
Sorten: 'Sunshine' F1-Hybriden, halb gefüllt, in vielen Farbtönen.
Hinweise: Blüten öffnen sich bei voller Sonne.

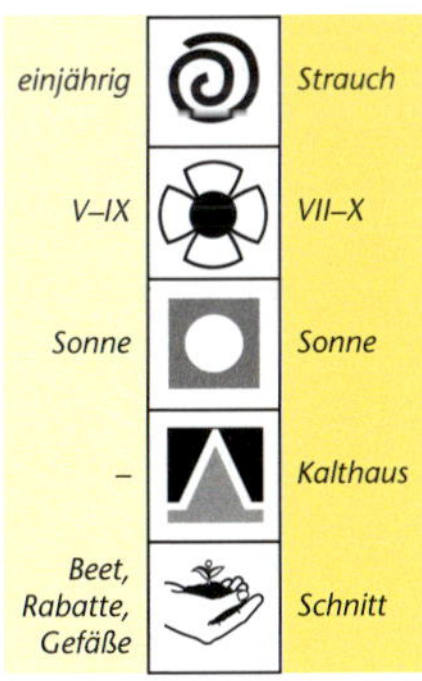

Protea cynaroides
Königs-Protea
Proteaceae, Silberbaumgewächse

Heimat: Süd-Afrika: Kapland; mediterran.
Wuchsform: Breit aufrecht, nicht frosthart.
Blatt: Wechselständig, eiförmig, 6–10 cm lang, lederig, immergrün, gestielt, graugrün.
Blüte: Zygomorph, 2 cm lang, rosa-weiß, in einem bis 30 cm breiten, endständigen Korb mit rosafarbenen Hüllblättern.
Wuchs-/Blütenhöhe: 130–150 cm.
Fruchtstand: Körbchen, Samen mit Pappus.
Standort: Durchlässige, saure Böden in voller Sonne.
Verwendung: Lang haltbare Schnittpflanze.
Vermehrung: Stecklinge im Sommer.
Kultur: Saurer Boden. Kultur erfolgt meist in der Heimat, sehr selten bei uns. Wird im Kalthaus überwintert.
Hinweise: Diese *Protea*-Art hat die größten Blüten der gesamten Familie.

Ranunculus asiaticus
Garten-Ranunkel, Asiatischer Hahnenfuß
Ranunculaceae, Hahnenfußgewächse

Heimat: Kreta, Vorderasien; mediterran.
Wuchsform: Buschig, horstbildend. Ausdauernde Knollenpflanze, nicht frosthart.
Blatt: Wechselständig, 3-zählig, gestielt, 10–12 cm lang, grün.
Blüte: Schalenförmig, 5–12 cm, rot, weiß, gelb oder rosa, die Sorten auch gefüllt, Kelchblätter abstehend, endständig.
Wuchs-/Blütenhöhe: 15–25/20–35 cm, Sorten bis 60 cm.
Frucht: Achäne.
Standort: Durchlässige Kalkböden.
Verwendung: Schnittpflanze
Vermehrung: Aussaat im X. Oder Teilung der klauenförmigen Knollen im III. Knollen vor der Pflanzung quellen lassen.
Kultur: In leicht saurem, durchlässigen Substrat.
Sorten: 'Bloomingdale' F1-Hybriden, 25 cm, Topfsorte; 'Victoria' F1- Hybriden, 60 cm, Schnittsorte.

Staude, Knollenpflanze		*einjährig*
II–VI		*VII–IX*
Sonne		*Sonne*
Kalthaus		*Reisigschutz*
Beet, Schnitt		*Beet, Balkon, Schnitt*

Reseda odorata
Garten-Resede
Resedaceae, Resedengewächse

Heimat: Libyen, verbreitet im Mittelmeergebiet; mediterran.
Wuchsform: Aufrecht, horstbildend.
Blatt: Wechselständig, elliptisch, 6–8 cm lang, gestielt, grün.
Blüte: Zygomorph, Blütenblätter verkümmert, 1 cm, grün, auffällige rötliche Staubblätter, in endständigen Ähren, aromatisch duftend.
Wuchs-/Blütenhöhe: 40/50–60 cm.
Frucht: Kapsel.
Standort: Durchlässige Böden.
Verwendung: Schnittpflanze.
Vermehrung: Aussaat ab III unter Glas, ab IV ins Freiland. Keimzeit 2–3 Wochen.
Kultur: Nach der Keimung direkt in Töpfe pikieren, in TKS 1 oder ähnlichem Substrat.
Sorten: 'Grandiflora', gelbgrün, großblütig, 40 cm.
Besonderes: Im 18. und 19. Jahrhundert besonders begehrte Duftpflanze.
Hinweise: Auf Erdflöhe achten.

Rhodochiton atrosanguineus
Purpurglocke, Rosenkelch
Scrophulariaceae, Braunwurzgewächse

Heimat: Mexiko; subtropisch.
Wuchsform: Zierlicher Schlinger. In der Heimat ausdauernd, bei uns einjährig kultiviert.
Blatt: Wechselständig, herzförmig, 5–8 cm lang, Rand gezähnt, grün.
Blüte: Glockenförmig, 5-zählig, 2–4 cm lang, äußerer Kelch rosa, innere Röhrenblüte purpurrot.
Wuchs-/Blütenhöhe: 150–200 cm. **Frucht:** Kapsel.
Standort: Humose Böden.
Verwendung: Herabhängend als Ampel- und Balkonpflanze, kletternd zur Begrünung von Rankgerüsten.
Vermehrung: Aussaat mit Vorkultur unter Glas XI–VI.
Kultur: Nährstoffarmes Substrat, z.B. TKS 1, später nachdüngen. Verträgt viel Wärme und auch Trockenheit. Frühzeitig aufbinden.
Sorten: 'Purple Bells', dunkelviolett.

Rhodochiton atrosanguineus		Ricinus communis
einjährig (Staude)		*einjährig (Halbstr. bis Baum)*
VI–X		*VIII–X*
Halbschatten		*Sonne*
–		*Kalthaus*
Balkon, Ampel, klettert		*Beet, Kübel*

Ricinus communis
Wunderbaum, Rizinus,
Palma Christi
Euphorbiaceae, Wolfsmilchgewächse

Heimat: Tropisches Afrika; subtropisch.
Wuchsform: Aufrecht, breit wachsend.
Blatt: Wechselständig, handförmig gelappt, über 60 cm breit, grün oder rot.
Blüte: Einhäusig, weibliche Blüten bräunlich, mit auffälliger roter Narbe, männliche Blüten gelb, 2–3 mm groß.
Wuchs-/Blütenhöhe: 300–800 cm.
Frucht: Spaltfrucht, stachelig, rot, ähnlich der Esskastanie. Enthält große, gemaserte, giftige Samen.
Standort: Nährstoffreiche Böden.
Verwendung: Einzelstand.
Vermehrung: Aussaat mit Vorkultur unter Glas III–IV.
Kultur: TKS 2. 1 Samen pro Topf auslegen. Überwinterung im Kalthaus.
Sorten: 'Gibsonii Impala', rotlaubig; 'Sanguineus', grünes Laub, rote Stiele.
Besonderes: Anbau in den Tropen zur Rizinusölgewinnung.

Rosmarinus officinalis
Rosmarin
Lamiaceae, Lippenblütler

Heimat: Süd-Europa; mediterran.
Wuchsform: Breit aufrecht. Nicht frosthart.
Blatt: Gegenständig, nadelförmig, immergrün, 2–4 cm lang, grün, unterseits heller, duftend.
Blüte: Lippenblüte,1–1,5 cm groß, hellblau, in achselständigen Trauben.
Wuchs-/Blütenhöhe: 60–150 cm.
Frucht: Nüsschen, selten.
Standort: Kalkhaltige Böden.
Verwendung: Gewürzpflanze.
Vermehrung: Halbreife Stecklinge im VIII–IX in Torf-Sandgemisch stecken.
Kultur: Sandiger Boden. Bewurzelte Stecklinge eintopfen, im Kalthaus frostfrei überwintern. Nur im Weinbauklima ausreichend frosthart.
Sorten: 'Albus', weiß, 60–150 cm; 'Prostratus', blaulila, kriechender Wuchs, 40–50 cm.
Besonderes: Wichtige Gewürz- und Heilpflanze.

Strauch	*einjährig, zweijährig*
IV–VI	*VII–X*
Sonne	*Sonne*
Kalthaus	*Reisigschutz*
Kübel, Topf	*Beet, Kübel, Schnitt*

Rudbeckia hirta
Rauer Sonnenhut
Asteraceae, Asterngewächse

Heimat: Östliche und Mittlere USA; gemäßigt.
Wuchsform: Breit aufrecht, rau behaart.
Blatt: Wechselständig, breit lanzettlich, 5–7 cm lang, rau behaart, grün.
Blüte: Köpfchen, 5–10 cm groß, gelbe Zungenblüten, braunschwarze Röhrenblüten.
Wuchs-/Blütenhöhe: 40–60/50–100 cm.
Fruchtstand: Köpfchen, Achäne.
Standort: Durchlässige Böden.
Verwendung: Schnittpflanze.
Vermehrung: Aussaat im III mit Vorkultur unter Glas. Keimdauer 2–3 Wochen bei 16–18 °C.
Kultur: Nährstoffreiches, lockeres Substrat. Sämlinge hell und luftig kultivieren, ab V ins Freie pflanzen.
Sorten: 'Goldilocks', gelb, gefüllt, 60 cm, 'Marmalade', goldgelb, 50 cm (Bild); 'Toto', goldgelb mit braunschwarzer Mitte, 25 cm, Topf- und Beetpflanze.

Salvia farinacea
Mehl-Salbei, Blauähre
Lamiaceae, Lippenblütler

Heimat: Neumexiko, Texas; subtropisch.

Wuchsform: Aufrecht, buschig, Triebe vierkantig. In der Heimat ausdauernde Staude bis Strauch.

Blatt: Gegenständig, lanzettlich, 8–10 cm lang, graugrün filzig behaart.

Blüte: Lippenblüte, 1–2 cm, blau, in endständiger Ähre.

Wuchs-/Blütenhöhe: 30/40–80 cm.

Frucht: Nüsschen.

Standort: Durchlässige Böden in warmer, sonniger Lage.

Verwendung: Schön zu Rosen.

Vermehrung: Aussaat von II–IV, Vorkultur unter Glas. Keimzeit 1–2 Wochen bei 18– 24 °C. 5 g Saatgut für 1000 Pflanzen erforderlich.

Kultur: Pikieren in durchlässiges, kalkhaltiges Substrat, ab V ins Freie pflanzen.

Sorten: 'Blauähre', dunkelblau; 'Silberweiß', weiß, 50 cm; 'Victoria', blau; alle 50cm hoch.

Hinweise: Blüte verträgt Frost bis -5 °C.

Salvia farinacea		Salvia patens
einjährig, (Staude, Strauch)		Staude, Knollenpflanze
V–X		VI–IX
Sonne		Sonne
–		Kalthaus
Beet, Schnitt		Beet, Rabatte, Gefäße

Salvia patens
Enzian-Salbei
Lamiaceae, Lippenblütler

Heimat: Mexiko; subtropisch.

Wuchsform: Aufrecht, buschig, Triebe vierkantig, knollenbildend. Staude, frostempfindlich.

Blatt: Gegenständig, breit lanzettlich, 6–8 cm lang.

Blüte: Lippenblüte, 3–6 cm, hellblau, in endständiger Ähre.

Wuchs-/Blütenhöhe: 30/40–80 cm.

Frucht: Nüsschen.

Standort: Durchlässige Böden.

Verwendung: Beet- und Rabattenpflanze, besonders schön zu Rosen, für Pflanzgefäße.

Vermehrung: Aussaat von III–IV, Vorkultur unter Glas. Keimzeit 1–2 Wochen bei 18–24 °C.

Kultur: Pikieren in durchlässiges, kalkhaltiges Substrat, ab V ins Freie pflanzen. Knollen im Herbst ausgraben, frostfrei und hell im Kalthaus bei etwa 14 °C überwintern.

Sorten: 'Cambridge Blue', himmelblau, 40–60 cm.

Salvia splendens
Feuer-Salbei
Lamiaceae, Lippenblütler

Heimat: Brasilien; subtropisch, tropisch.
Wuchsform: Aufrecht, buschig, Triebe vierkantig.
Blatt: Gegenständig, herzförmig, 4–6 cm lang.
Blüte: Röhrenförmige Lippenblüte, 1–2 cm, scharlachrot, mit gleichfarbigem Kelch, in endständiger Ähre.
Wuchs-/Blütenhöhe: 20/40 cm.
Frucht: Nüsschen.
Standort: Durchlässige Böden.
Verwendung: Beetpflanze, gute Farbwirkung bei großflächiger Pflanzung.
Vermehrung: Aussaat von II–IV. Vorkultur unter Glas, Keimzeit 1–2 Wochen bei 18– 24 °C.
Kultur: Pikieren in durchlässiges, kalkhaltiges Substrat, ab V ins Freie pflanzen.
Sorten: 'Fury', 25 cm, früh blühend; 'Feuerzauber', 30 cm, beide rot. Neu sind Farbtöne wie lachs oder dunkellila (Bild: 'Red River').
Hinweise: Auf Schnecken achten.

einjährig		*einjährig*
V–X		*VI–VIII*
Sonne		*Sonne*
–		–
Beet		*Beet, Schnitt*

Salvia viridis
(Syn. *S. horminum*)
Buntschopf-Salbei
Lamiaceae, Lippenblütler

Heimat: Mittelmeergebiete von Spanien bis Türkei und Iran; mediterran.
Wuchsform: Aufrecht, buschig, Triebe vierkantig.
Blatt: Gegenständig, länglich eiförmig, 5–8 cm lang, graugrün.
Blüte: Lippenblüte, 1–2 cm, violett, mit schopfartigen Hochblättern, je nach Sorte rosa, blau oder weiß, endständige Ähre.
Wuchs-/Blütenhöhe: 30/40–70 cm.
Frucht: Nüsschen.
Standort: Durchlässige Böden.
Verwendung: Trockenschmuck.
Vermehrung: Aussaat von II–IV, Vorkultur unter Glas. Keimzeit 1–3 Wochen bei 18– 24 °C.
Kultur: Pikieren in durchlässiges, kalkhaltiges Substrat, ab V ins Freie.
Sorten: 'Blauer Vogel', violettblaue Hochblätter; 'Rosazauber', rosa.
Hinweise: Die auffällig bunten Hochblätter sind die eigentliche Zierde.

Santolina chamaecyparissus
Graue Heiligenblume
Asteraceae, Asterngewächse

Heimat: Westliches Mittelmeergebiet, Pyrenäen; mediterran.
Wuchsform: Breitbuschig, nicht frosthart.
Blatt: Gegenständig, mehrfach gefiedert, 2–5 cm lang, grauweiß filzig.
Blüte: Röhrenblüten, gelb, in endständigem Körbchen, duftend.
Wuchs-/Blütenhöhe: 30–40/40–50 cm.
Fruchtstand: Körbchen, Achäne.
Standort: Durchlässige Böden.
Verwendung: Einfassungen, Schnitthecken, im Steingarten, Trockenschmuck.
Vermehrung: Triebstecklinge von V–VII in Torf-Sandgemisch stecken.
Kultur: Sandiger Boden. Getopfte Jungpflanzen frostfrei überwintern, ab V ins Freie pflanzen. In strengen Wintern Beetpflanzen abdecken, Pflanzen in Gefäßen ins Kalthaus holen.
Sorten: 'Dwarf Form', gelb, 15 cm hoch; 'Primrose Gem', hellgelbe Blüten.

Santolina		Sanvitalia
Halbstrauch		einjährig
VI–VIII		VI–X
Sonne		Sonne
Reisigschutz, Kalthaus		–
Beet, Gefäße		Beet, Gefäße, Schnitt

Sanvitalia procumbens
Husarenknopf, Zwergsonnenblume
Asteraceae, Asterngewächse

Heimat: Guatemala, Mexiko; subtropisch.
Wuchsform: Breit, mattenförmig, auch überhängend. Einjährig.
Blatt: Gegenständig, eilänglich, 3–5 cm lang, grün.
Blüte: Röhrenblüten schwarz, Zungenblüten gelb, in Körbchen, 2–3 cm breit.
Wuchs-/Blütenhöhe: 10/15–25 cm.
Fruchtstand: Körbchen, Achäne.
Standort: Durchlässige Böden.
Verwendung: Für flächige Verwendung, Einfassungen.
Vermehrung: Aussaat unter Glas ab III, ab IV auch direkt ins Freiland. Keimdauer 1–2 Wochen.
Kultur: TKS, Substrat nicht austrocknen lassen.
Sorten: 'Aztekengold', goldgelbe Sternblüten, für Ampeln und Balkonkästen. 'Goldteppich', goldgelb, früh blühend, kompakt; 'Mandarin', orange; 'Plena', gelb gefüllt.
Hinweise: In Balkonkästen an den Rand pflanzen.

Scabiosa atropurpurea
Samt-Skabiose, Purpur-Skabiose, Witwenblume
Dipsacaceae, Kardengewächse

Heimat: Süd-Europa; mediterran.
Wuchsform: Aufrecht, horstbildend. Einjährig.
Blatt: Gegenständig, ungeteilt, 8–10 cm lang, Stängelblätter fiederspaltig, grün.
Blüte: Zygomorph, gefüllt, viele Rottöne, in Köpfchen am Stielende, 5 cm.
Wuchs-/Blütenhöhe: 30/60–90 cm.
Fruchtstand/Frucht: Bis 7 cm große Köpfchen. Nüsschen.
Standort: Durchlässige, humose Böden in voller Sonne.
Verwendung: Schmetterlingspflanze.
Vermehrung: Aussaat im IV unter Glas. Keimdauer 1–2 Wochen bei 18 °C.
Kultur: TKS 1. Sämlinge direkt in Töpfe pikieren, ab V ins Freie pflanzen.
Sorten: 'Grandiflora Plena', Prachtmischung in vielen Farben mit gefüllten Blüten.

einjährig		*einjährig*
VII–X		*VI–VIII*
Sonne		*Sonne*
–		–
Beet, Schnitt		*Beet, Schnitt*

Scabiosa stellata
Stern-Skabiose
Dipsacaceae, Kardengewächse

Heimat: Südwest-Europa, Libyen; mediterran.
Wuchsform: Aufrecht, horstbildend. Einjährig.
Blatt: Gegenständig, lanzettlich, 6–8 cm lang, mehrfach gefiedert, grün.
Blüte: Zygomorph, hellblau, in Köpfchen am Stielende, 3–4 cm. Die Kelche bilden einen häutigen, zunächst hellrosa, später hellbraunen Pappus.
Wuchs-/Blütenhöhe: 20/30–45 cm.
Fruchtstand/Frucht: Bis 7 cm große Köpfchen, sternkugelig. Nüsschen.
Standort: Durchlässige Böden.
Verwendung: Trockenschmuck.
Vermehrung: Aussaat im IV unter Glas. Keimdauer 1–2 Wochen bei 18 °C.
Kultur: TKS 1. Sämlinge direkt in Töpfe pikieren, ab V ins Freie.
Sorten: 'Sternkugel', weiße, weniger auffällige Blüte, ballförmiger Fruchtstand.
Hinweise: Blütenstände zum Trocknen kopfüber aufhängen.

Scaevola saligna

(Syn. *S. aemula*)
Fächerblume
Goodeniaceae, Goodeniengewächse

Heimat: Neukaledonien; subtropisch, tropisch.
Wuchsform: Breit ausladend, hängend. In der Heimat Staude bis Halbstrauch, bei uns einjährig.
Blatt: Wechselständig, spatelelförmig, gezähnt, 4–10 cm lang, grün.
Blüte: Zygomorph, fächerartig, blau mit weißer Mitte, 2–4 cm groß, in Ähren.
Wuchs-/Blütenhöhe: 20–40/30–80 cm.
Frucht: Kapsel.
Standort: Feuchte bis frische Böden.
Verwendung: Bodendecker.
Vermehrung: Triebstecklinge von IX–VI unter Glas.
Kultur: Torf-Sand-Gemisch. Stecklinge frostfrei überwintern; feucht, aber nicht nass halten. Ab V ins Freie pflanzen.
Sorten: 'Blue Wonder', blau, reich blühend.
Hinweise: Auf Minierfliegenbefall achten.

Scaevola saligna		Schizanthus × wisetonensis
einjährig (Staude)		*einjährig*
V–XI		*VII–IX*
Sonne bis Halbschatten		*Sonne*
–		–
Balkon, Ampel, Boden		*Beet, Balkon, Grab*

Schizanthus × wisetonensis

Spaltblume, Schmetterlingsblume
Solanaceae, Nachtschattengewächse

Heimat: Kreuzung aus *S. grahamii* × *S. pinnatus*. Die Arten stammen aus Chile; subtropisch.
Wuchsform: Buschig, aufrecht, horstbildend.
Blatt: Wechselständig, fiederteilig, 4–7 cm lang.
Blüte: Röhrenförmig, 3–4 cm groß, geschlitzt, je nach Sorte hellrosa bis dunkelrot, violett, gelb oder zweifarbig.
Wuchs-/Blütenhöhe: 30–60 cm.
Frucht: Kapsel.
Standort: Dränierte Humusböden.
Verwendung: Pflanzgefäße.
Vermehrung: Aussaat mit Vorkultur unter Glas: X–XII für die Topfpflanzenkultur, ab IV Direktaussaat ins Freiland. Keimdauer 2–3 Wochen. 3–4 Samen je Topf auslegen.
Kultur: Lehmig humose Substrate, pH 6. Nicht zu warm kultivieren (8–10 °C).
Sorten: 'Starparade', viele Farben, 15 cm.
Hinweise: Auf Grauschimmel, Nematoden achten.

Senecio cineraria
(Syn. *Senecio bicolor, Cineraria maritima*)
Silber-Greiskraut
Asteraceae, Asterngewächse

Heimat: Süd-Europa; mediterran.
Wuchsform: Buschig, horstbildend. Nicht frostharter Halbstrauch, bei uns meist einjährig kultiviert.
Blatt: Wechselständig, im Umriss eiförmig, fiederteilig, silbergrau filzig behaart, 5–15 cm lang.
Blüte: Röhrenblüten, gelb, in endständigen Trugdolden, nur bei mehrjähriger Kultur.
Wuchs-/Blütenhöhe: 20–30/40–80 cm.
Fruchtstand: Körbchen.
Standort: Durchlässige Böden.
Verwendung: Einfassungen. Grabbepflanzung.
Vermehrung: Aussaat mit Vorkultur unter Glas von II–IV. Stecklinge im Herbst möglich, diese frostfrei überwintern.
Kultur: In Töpfe mit sandig humoser Erde pikieren.
Sorten: 'Cirrus', rundliches Blatt; 'Silberzwerg', fein gefiedertes Laub.
Hinweise: Auf Mehltau und Blattläuse achten.

einjährig (Halbstrauch)		*Staude, Zwiebelpflanze*
V–IX		*VII–VIII, IV–V im Haus*
Sonne		*Sonne*
Reisigschutz		*Überwinterungsraum*
Beet, Gefäße, Grab		*Beet, Topf*

Sprekelia formosissima
Jakobslilie
Amaryllidaceae, Amaryllisgewächse

Heimat: Guatemala, Mexiko; tropisch.
Wuchsform: Aufrecht, Blätter übergeneigt. Mehrjährige, nicht frostharte Zwiebelpflanze, Zwiebel 5 cm groß.
Blatt: 2 grundständige Blätter, riemenförmig, bis 40 cm lang, grün.
Blüte: Kreuzförmig, bis 12 cm groß, dunkelrot, endständig.
Wuchs-/Blütenhöhe: 20–30/30–50 cm.
Frucht: Kapsel.
Standort: Durchlässige Böden.
Verwendung: Steingarten.
Vermehrung: Im frühen Herbst Brutzwiebeln abnehmen, in nährstoffreiche Erde topfen, ab V ins Freie.
Kultur: In der Wachstumszeit häufiger düngen. Pflanze zieht nach der Blüte ein. Während der Ruhezeit trocken und warm halten. Zwiebeln frostfrei überwintern, dunkel, bei 8–10 °C.
Hinweise: Entwickelte Pflanzen blühen im kommenden Jahr wieder.

Sutera cordata
(Syn. *Sutera diffusa, Bacopa diffusa*)
Bacope, Schneeflockenblume
Scrophulariaceae, Braunwurzgewächse

Heimat: Süd-Afrika; subtropisch.
Wuchsform: Polsterbildend, hängend.
Blatt: Gegenständig, herzförmig, 1 cm lang, Rand gesägt, grün.
Blüte: Schalenförmig, 5-zählig, 1–1,5 cm breit, weiß mit gelbem Schlundfleck.
Wuchs-/Blütenhöhe: 15–20 cm.
Frucht: Kapsel.
Standort: Humose Böden.
Verwendung: Ampelpflanze.
Vermehrung: Stecklinge im II oder im Herbst von überwinterten Pflanzen.
Kultur: In Einheitserde topfen. Frostfrei überwintern, am besten hell bei 14–18 °C, Erde nicht ganz austrocknen lassen. Ab V ins Freie pflanzen.
Sorten: 'Snowflake', weiß; 'Flic-Flac', zartrosa (Bild); 'African Sunset', rot mit gelb.
Hinweise: Reich blühende Polsterpflanze mit hängendem Wuchs.

Tagetes erecta
Hohe Studentenblume
Asteraceae, Asterngewächse

Heimat: Mexiko; subtropisch, tropisch.
Wuchsform: Aufrecht, buschig. Einjährig.
Blatt: Meist gegenständig, unpaarig gefiedert, gezähnt, 10–15 cm lang, grün.
Blüte: Röhren und Zungenblüten, gelb, orange oder cremefarben, meist gefüllt, in end- und achselständigen Köpfchen, bis 10 cm groß, duftend.
Wuchs-/Blütenhöhe: 40/80–100 cm, Topfsorten 20/30 cm.
Fruchtstand: Köpfchen, Achäne.
Standort: Durchlässige, nährstoffreiche Böden, sonnig bis halbschattig.
Verwendung: Schnittpflanze.
Vermehrung: Aussaat von II–IV unter Glas.
Kultur: TKS. Nach der Keimung (1–2 Wochen) pikieren, später topfen. Starkzehrer.
Sorten: 'Doubloon', zitronengelb, 100 cm; 'Orange', orangerot, 50 cm 'Vanilla', cremeweiß, 30–40 cm.
Besonderes: Zur Bekämpfung von Nematoden geeignet.

Sutera cordata		Tagetes erecta
einjährig		*einjährig*
IV–IX		*VII–IX*
Sonne		*Sonne bis Halbschatten*
temperiertes Haus		*–*
Balkon, Ampel, Boden		*Beet, Balkon, Schnitt*

Tagetes patula
Niedrige Studentenblume
Asteraceae, Asterngewächse

Heimat: Guatemala, Mexiko; subtropisch, tropisch.
Wuchsform: Aufrecht, buschig. Einjährig.
Blatt: Meist gegenständig, unpaarig gefiedert, gezähnt, 8–10 cm lang, grün.
Blüte: Röhren- und Zungenblüten, in end- und achselständigen Köpfchen, bis 5 cm groß, gelb, orange, braun oder mehrfarbig, einfach oder gefüllt, duftend.
Wuchs-/Blütenhöhe: 20/30 cm.
Fruchtstand: Köpfchen, Achäne.
Standort: Durchlässige, nährstoffreiche Böden, sonnig bis halbschattig.
Vermehrung: Aussaat von II–IV unter Glas.
Kultur: TKS. Nach der Keimung pikieren, später topfen. Starkzehrer.
Sorten: 'Carmen', braunrot; 'Königin Sophia', gelb-braunrot.
Besonderes: Zur Bekämpfung von Nematoden geeignet.
Hinweise: Niedrige *Tagetes* duften intensiver. Vor Blattläusen und Schnecken schützen.

Tagetes tenuifolia
Zierliche Studentenblume
Asteraceae, Asterngewächse

Heimat: Mexiko; subtropisch, tropisch.
Wuchsform: Aufrecht, buschig. Einjährig.
Blatt: Meist gegenständig, unpaarig gefiedert, gezähnt, 6–8 cm lang, grün. Sehr zierlich.
Blüte: Röhren- und Zungenblüten, gelb, in end- und achselständigen Köpfchen, 2,5 cm groß, angenehm duftend.
Wuchs-/Blütenhöhe: 20/30 cm.
Fruchtstand: Köpfchen, Achäne.
Standort: Durchlässige, nährstoffreiche Böden in voller Sonne.
Verwendung: Beetpflanze, für Einfassungen und Pflanzgefäße, Schmetterlingspflanze.
Vermehrung: Aussaat von II–IV unter Glas. Man rechnet 10 g Saatgut für 1000 Pflanzen.
Kultur: TKS. Nach der Keimung pikieren, später topfen.
Sorten: 'Gnom' goldgelb; 'Ornament', rotbraun.
Hinweise: Vor Blattläusen und Schnecken schützen.

Tagetes patula		Tagetes tenuifolia
einjährig		*einjährig*
VII–X		*VII–IX*
Sonne bis Halbschatten		*Sonne*
–		*–*
Beet, Gefäße, Grab		*Beet, Gefäße*

Tanacetum parthenium
(Syn. *Chrysanthemum parthenium*)
Mutterkraut, Goldkamille
Asteraceae, Asterngewächse

Heimat: Östliches Mittelmeer, Kaukasus; submediterran.
Wuchsform: Buschig aufrecht.
Blatt: Wechselständig, eiförmig, gefiedert oder gelappt, 3–8 cm lang, grün.
Blüte: Gelbe Röhren- und weiße Zungenblüten, in Köpfchen, 1–2 cm groß.
Wuchs-/Blütenhöhe: 30/50–70 cm.
Frucht: Achäne.
Standort: Durchlässige Gartenböden in sonnigen bis halbschattigen Lagen.
Verwendung: Heilpflanze.
Vermehrung: Aussaat mit Vorkultur unter Glas von II–IV.
Kultur: TKS 1. Sämlinge in Töpfe pikieren, ab Mitte V ins Freie pflanzen. Im Winter abdecken.
Sorten: 'Goldball', goldgelb, 25 cm; 'Selma Stern', cremeweiß, 60 cm.
Hinweise: Auf Mehltau und Blattläuse achten.

Tanacetum parthenium		Thunbergia alata
einjährig, Staude		*einjährig*
VI–IX		*VI–X*
Sonne bis Halbschatten		*Sonne*
Reisigschutz		–
Beet, Schnitt		*Beet, Kübel, Ampel*

Thunbergia alata
Schwarzäugige Susanne
Acanthaceae, Bärenklaugewächse

Heimat: Tropisches Südostafrika; tropisch.
Wuchsform: Mittelstark wachsender Schlinger.
Blatt: Wechselständig, herzförmig, Rand gekerbt, 5–7 cm lang, glänzend grün.
Blüte: Sternförmig, 5-lappig, 2–4 cm groß, dunkelgelb mit schwarzem Schlund.
Wuchs-/Blütenhöhe: 150–180 cm.
Frucht: Kapsel.
Standort: Durchlässig, humos.
Verwendung: Ampeln und Klettergerüste, als Topfpflanze für sonnige Blumenfenster.
Vermehrung: Aussaat mit Vorkultur unter Glas von II–III. 2–3 Samenkörner je Topf auslegen.
Kultur: Humoser Boden. Bald nach der Keimung (1–2 Wochen) stäben, ab V ins Freie pflanzen.
Sorten: 'Bakeri', rein weiß; 'Orange Wonder', orange; 'Susi Gelb', gelb; bei 150–180 cm hoch.
Hinweise: Auf Blattläuse und Spinnmilben achten.

Thymophylla tenuiloba
(Syn. *Dyssodia tenuiloba*)
Gelbes Gänseblümchen
Asteraceae, Asterngewächse

Heimat: Mexiko, Südliche USA; subtropisch.
Wuchsform: Polster, niederliegend. Einjährig.
Blatt: Wechselständig, zierlich, fein zerteilt, nadelförmig, 3–5 cm lang, hellgrün.
Blüte: Röhren- und Zungenblüten, goldgelb, in Köpfchen, 1 cm.
Wuchs-/Blütenhöhe: 15/20–30 cm.
Frucht: Achäne.
Standort: Durchlässige Böden.
Verwendung: Bodendecker, Ampeln.
Vermehrung: Aussaat von I–III unter Glas. 1–2 Wochen Keimdauer bei 12–18 °C.
Kultur: Einheitserde P. Tuffweise in Töpfe pikieren.
Sorten: 'Sternschnuppe', goldgelbe Blüten, breiter, gedrungener Wuchs.
Hinweise: Am Rand von Gefäßen gepflanzt, hängt sie leicht über.

einjährig		*Staude, knollenpflanze*
VII–IX		*VII–VIII*
Sonne		*Sonne*
–		–
Beet, Rabatte, Balkon		*Beet*

Tigridia pavonia
Tigerblume, Pfauenblume
Iridaceae, Schwertliliengewächse

Heimat: Guatemala, Mexiko; subtropisch.
Wuchsform: Aufrecht, knollenbildend.
Blatt: Grundständig, schwertförmig, 30–45 cm lang, grün.
Blüte: Schalenförmig, 3-zählig, bis 15 cm breit, orangerot, rosa oder gelb, bis 4 Blüten je Stängel, endständig.
Wuchs-/Blütenhöhe: 30/40–60 cm.
Frucht: 3-klappige Kapsel.
Standort: Humose, durchlässige Gartenböden in sonnigen Lagen.
Verwendung: Beetpflanze, einzeln oder in kleinen Gruppen.
Vermehrung: Brutknöllchen im Herbst abnehmen und frostfrei überwintern. Knollen reifen in Mittel-Europa selten aus, besser jährlich zukaufen.
Kultur: Ab III in nährstoffreiches Substrat topfen, Pflanzen blühen noch im gleichen Jahr.
Sorten: 'Prachtmischung'.
Hinweise: Blüten halten nur einen Tag.

Tithonia rotundifolia
Tithonie
Asteraceae, Asterngewächse

Heimat: Mexiko; tropisch.
Wuchsform: Straff aufrecht, breit wachsend.
Blatt: Wechselständig, herzförmig, 3-lappig, beidseitig raufilzig, 10–15 cm.
Blüte: Körbchen mit gelben Röhren- und orangeroten Zungenblüten, 5–8 cm breit.
Wuchs-/Blütenhöhe: 50/100–150 cm.
Frucht: Achäne.
Standort: Durchlässige, nährstoffreiche Böden in voller Sonne.
Verwendung: Beetpflanze, einzeln oder in kleinen Gruppen, Schnittpflanze.
Vermehrung: Aussaat mit Vorkultur unter Glas von III–IV. 2–3 Samenkörner je Topf auslegen.
Kultur: Lehmig humoser Boden. Mit Topfballen ab V ins Freie pflanzen, ist empfindlich gegenüber Spätfrösten. Hoher Nährstoffbedarf.
Sorten: 'Torch' (Syn. 'Fackel'), großblumig, feurig orangerot.
Hinweise: Blütentriebe knicken leicht um.

einjährig		*Staude*
VIII–X		*V–IX*
Sonne		*Sonne*
–		*Reisigschutz*
Beet, Schnitt		*Beet, Schnitt*

Trachelium caeruleum
Trachelie, Blaues Halskraut
Campanulaceae, Glockenblumengewächse

Heimat: Südwest-Europa: Portugal, Spanien, Nordafrika; mediterran.
Wuchsform: Aufrecht, breitbuschig.
Blatt: Wechselständig, breit elliptisch, 5–7 cm lang, Rand gesägt, grün.
Blüte: Disymmetrisch, winzige lila Blütchen in 7–10 cm breiter Trugdolde.
Wuchs-/Blütenhöhe: 30/40–100 cm.
Frucht: Kapsel.
Standort: Humose Böden.
Verwendung: Bienenweide.
Vermehrung: Aussaat von XI–III unter Glas, Keimdauer 2–3 Wochen.
Kultur: Humoser Boden. Nach der Keimung tuffweise pikieren. Stutzen fördert die Verzweigung. Im Winter abdecken.
Sorten: 'Blaue Grotte', blau, 80–100 cm; 'Helios', weiß, 80–100 cm, beide Schnittsorten.
Hinweise: Blütenstiele nach dem Schnitt sofort ins Wasser stellen.

Tropaeolum majus
Große Kapuzinerkresse
Tropaeolaceae, Kapuzinerkressengewächse

Heimat: Südamerika: Kolumbien, Ecuador, Peru; subtropisch.
Wuchsform: Niederliegend, rankend.
Blatt: Wechselständig, kreisrund, 6–8 cm groß, gestielt, glatt, bläulich grün.
Blüte: Rachenförmig, 5–6 cm groß, orange, in den Blattachseln.
Wuchs-/Blütenhöhe: 200–400 cm.
Frucht: Spaltfrucht.
Standort: Nährstoffreiche Böden.
Verwendung: Beetpflanze, Bodendecker, für Klettergerüste und Ampeln.
Vermehrung: Aussaat IV–V direkt in Töpfe. Ab Mitte V Aussaat direkt an Ort und Stelle.
Kultur: Einheitserde P.
Sorten: 'Whirlybird Mischung', weiß, gelb, orange oder rot, nicht rankend, 25–30 cm; 'Prachtmischung', rankend.
Hinweise: Angeboten werden meist Hybriden von *T. majus*, *T. minus*, *T. peltophorum*.

Tropaeolum majus		Tropaeolum peregrinum
einjährig		einjährig
VII–X		VII–X
Sonne bis Schatten		Sonne bis Halbschatten
–		–
Beet, Ampel, klettert		Beet, Ampel, klettert

Tropaeolum peregrinum
Kletternde Kapuzinerkresse
Tropaeolaceae, Kapuzinerkressengewächse

Heimat: Südamerika: Ecuador, Peru; subtropisch.
Wuchsform: Niederliegend oder rankend.
Blatt: Wechselständig, im Umriss rund, stark gelappt, 3–5 cm groß, gestielt, glatt, bläulich grün.
Blüte: Schmetterlingsförmig, 2–3 cm groß, gelb, mit langem Sporn, in den Blattachseln.
Wuchs-/Blütenhöhe: 200–300 cm.
Frucht: Spaltfrucht.
Standort: Humose, nährstoffreiche Böden in sonnigen bis halbschattigen Lagen.
Verwendung: Beetpflanze, Bodendecker, für Klettergerüste und Ampeln.
Vermehrung: Aussaat IV–V in Töpfe. 250 g Saatgut reichen für 1000 Pflanzen. Keimdauer 1–2 Wochen bei 20 °C. Ab Mitte V Aussaat direkt an Ort und Stelle.
Kultur: Einheitserde P. Ab V ins Freie pflanzen.
Hinweise: Zierlicher, reich blühender Ranker.

Tulipa gesneriana
Garten-Tulpe
Liliaceae, Liliengewächse

Heimat: Asien; mediterran.
Wuchsform: Aufrechte Blütenstiele, Laub hängend. Ausdauernde Zwiebelpflanze.
Blatt: Grundständig, breit lanzettlich, 18–22 cm lang, blaugrün.
Blüte: Glockenförmig, 6-teilig (Perigon), 5–8 cm lang, geöffnet bis 18 cm breit.
Wuchs-/Blütenhöhe: 15–20/50–60 cm.
Frucht: 3-teilige Kapsel.
Standort: Durchlässige Böden.
Verwendung: Beet- und Rabattenpflanze, für Pflanzgefäße, zur Grabbepflanzung, Schnittpflanze, Topfpflanze (vorgetrieben).
Vermehrung: Brutzwiebeln im Sommer abnehmen, ab X wieder einpflanzen, in Töpfe oder auf Beete.
Kultur: Lehmiger Boden. Bis zur Blüte dauert es etwa 3 Jahre.
Sorten: 'Apeldoorn', magentarot, 55 cm; 'Hollands Glory', großblütige Darwin-Hybride, orange, 50 cm. Viele Klassen, Sorten, Farben.

Tulipa gesneriana		Ursinia anethoides
Staude, Zwiebelpflanze		*einjährig*
IV–VI		*VII–IX*
Sonne		*Sonne*
frosthart		*–*
Beet, Gefäß, Schnitt		*Beet, Rabatte, Schnitt*

Ursinia anethoides
Bärenkamille
Asteraceae, Asterngewächse

Heimat: Süd-Afrika, Kap; mediterran, subtropisch.
Wuchsform: Buschig, strauchartig, feingliedrig.
Blatt: Wechselständig, fiederteilig, im Umriss eiförmig, 3–5 cm, grün.
Blüte: Röhren- und Zungenblüten, orange, in Köpfchen, 2–5 cm breit.
Wuchs-/Blütenhöhe: 20/25–35 cm.
Frucht: Achäne.
Standort: Sandige Böden.
Verwendung: Rabattenpflanze.
Vermehrung: Aussaat mit Vorkultur unter Glas ab III, Direktsaat ins Freie ab IV. Keimdauer 14–18 Tage.
Kultur: Einheitserde. Bei Vorkultur Sämlinge in Töpfe pikieren, ab V ins Freie pflanzen. Hoher Wärmebedarf.
Weitere Arten: *U. anthemoides*, ebenfalls einjährig, mit gelborangenen Randblüten und purpurfarbenem Zentrum.
Hinweise: Die Blüten sind nur bei Sonnenschein geöffnet.

Verbascum bombyciferum
Seidenhaar-Königskerze
Scrophulariaceae, Braunwurzgewächse

Heimat: Kleinasien: Bithynischer Olymp; mediterran.
Wuchsform: Im ersten Jahr Ausbildung einer weißwollig behaarten Blattrosette, im zweiten Jahr folgt ein beblätterter, aufrecht verzweigter Blütentrieb. Zweijährig, selten ausdauernd.
Blatt: Eilänglich, 40–60 cm lang, 10–12 cm breit, dicht weißwollig behaart.
Blüte: Rachenförmig, 2–3 cm breit, goldgelb, in Ähren.
Wuchs-/Blütenhöhe: 30/180 cm.
Frucht: Kapsel.
Standort: Durchlässige Böden.
Verwendung: Trockenschmuck.
Vermehrung: Aussaat ab I unter Glas, im Freien von V–VI.
Kultur: Einheitserde P mit Sandzusatz. Bei Vorkultur Sämlinge nach der Keimung in Töpfe pikieren.
Sorten: 'Polarsommer', hellgelb, 160 cm.
Hinweise: Rückschnitt sinnvoll.

zweijährig		*einjährig*
VI–VIII		*VII–X*
Sonne		*Sonne*
Reisigschutz		–
Beet, Schnitt		*Beet, Rabatte, Schnitt*

Verbena bonariensis
Eisenkraut
Verbenaceae, Eisenkrautgewächse

Heimat: Argentinien, Südbrasilien; subtropisch.
Wuchsform: Aufrecht, locker, sparrig verzweigt. Einjährig.
Blatt: Gegenständig, breit lanzettlich, 5–8 cm lang, behaart, Rand gesägt, grün.
Blüte: Zygomorph, 5-teilig, 3 mm, lila, in langstieligen Doldentrauben.
Wuchs-/Blütenhöhe: 30/60–120 cm.
Frucht: Steinfrucht.
Standort: Durchlässige Böden in voller Sonne.
Verwendung: Beet- und Rabattenpflanze, in Gruppen, Schnittpflanze.
Vermehrung: Aussaat I–II unter Glas bei 18–20 °C. Wechseltemperaturen von 18 °C auf 4 °C fördern die Keimung. 5–10 g Saatgut pro 1000 Pflanzen erforderlich.
Kultur: TKS 1. Sämlinge in Töpfe pikieren. Ab V ins Freie pflanzen und nachdüngen.
Hinweise: Anspruchslos.

Verbena rigida
(Syn. *V. venosa*)
Eisenkraut, Verbene
Verbenaceae, Eisenkrautgewächse

Heimat: Argentinien, Südbrasilien; subtropisch.
Wuchsform: Aufrecht, buschig, locker, knollenbildend. Nicht frostharte Staude, einjährig kultiviert.
Blatt: Gegenständig, breit lanzettlich, 5–8 cm lang, behaart, Rand gesägt, grün.
Blüte: Zygomorph, 5-teilig, 0,5–1 cm, blaulila, in Doldentrauben, duftend.
Wuchs-/Blütenhöhe: 30/40–60 cm.
Frucht: Steinfrucht.
Standort: Durchlässige Böden.
Verwendung: Schnittpflanze.
Vermehrung: Aussaat I–II unter Glas bei 18–20 °C. Wechseltemperaturen von 18 °C auf 8 °C fördern die Keimung.
Kultur: TKS 1. Sämlinge in Töpfe pikieren. Ab V ins Freie pflanzen und nachdüngen. Knollen können frostfrei überwintert werden, am besten hell bei 14–18 °C.
Sorten: 'Polaris', rosa (Bild).

einjährig, Staude		*einjährig*
VI–X		*VII–X*
Sonne		*Sonne*
temperiertes Haus		*–*
Beet, Gefäße, Schnitt		*Beet, Rabatte, Schnitt*

Verbena-Hybriden
Garten-Verbenen, Eisenkraut
Verbenaceae, Eisenkrautgewächse

Heimat: Züchtung. Die Arten stammen aus Argentinien und Südbrasilien; subtropisch.
Wuchsform: Aufrecht, locker. Einjährig.
Blatt: Gegenständig, breit lanzettlich, 5–8 cm lang, behaart, Rand gesägt, grün.
Blüte: Zygomorph, 5-teilig, 1–2 cm, viele Farbtöne, in Doldentrauben.
Wuchs-/Blütenhöhe: 30/40–50 cm.
Frucht: Steinfrucht.
Standort: Durchlässige Böden.
Verwendung: Rabattenpflanze.
Vermehrung: Aussaat II–III unter Glas bei 18–20 °C. Saatgut vorquellen, dann 2–3 Tage bei 4 °C in den Kühlschrank legen. Wechseltemperaturen von 18 °C auf 4 °C fördern die Keimung.
Kultur: TKS 1. Sämlinge in Töpfe pikieren.
Sorten: 'Amethyst', blau; 'Blaze', rot; 'Kristall', weiß, Teppich-Verbenen 'Tapien'.
Weitere Arten: *V. tenera* 'Kleopatra', rosa.

Viola odorata

Wohlriechendes Veilchen, März-Veilchen, Duft-Veilchen
Violaceae, Veilchengewächse

Heimat: Mittel-Europa, Kaukasus, Mittelmeergebiete; gemäßigt.
Wuchsform: Flach ausgebreitet, Ausläufer bildend.
Blatt: Wechselständig, rundlich, herzförmige Basis, am Rand gezähnt, 3–4 cm, grün.
Blüte: Veilchenblüte, tiefviolett, sitzen meist einzeln, duftend.
Wuchs-/Blütenhöhe: 5–8/10–15 cm.
Frucht: 3-teilige Kapsel, Samen mit Elaiosom, Ameisenverbreitung.
Standort: Lehmig humose Böden.
Verwendung: Flächig zu Stauden- oder Gehölzgruppen.
Vermehrung: Teilung im Frühling. Aussaat von X–XI bei 18 °C.
Kultur: Lehmiger Boden. Von III–V oder IX–X direkt an Ort und Stelle pflanzen.
Sorten: 'Heidi', blau gefüllt; 'Königin Charlotte', hell violettblau, auch zum Schnitt.

Viola × wittrockiana

Garten-Stiefmütterchen
Violaceae, Veilchengewächse

Heimat: Züchtung aus *V. cornuta*, *V. tricolor*, *V. lutea* und anderen europäischen Arten; gemäßigt.
Wuchsform: Buschig. Zweijährig.
Blatt: Wechselständig, breit oval, 4–5 cm lang.
Blüte: Veilchenähnlich, 5–10 cm groß.
Wuchs-/Blütenhöhe: 10/15–30 cm.
Frucht: Kapsel, 3-klappig.
Standort: Lehmig humose Böden.
Verwendung: Flächige Pflanzung, Grabbepflanzung.
Vermehrung: Aussaat von VI–IX bei 15–18 °C. Keimdauer 2–3 Wochen, Dunkelkeimer.
Kultur: Nährstoffreiche, krankheitsfreie Gartenböden, desinfizieren.
Sorten: 'Alpenglühen', kardinalrot; 'Mönch', gelb; 'Thuner See', blau (Roggli); 'Omega' F1-Hybriden, großblumig, in vielen Farben, 20 cm (Florensis); 'Joker' F2-Hybriden, mehrfarbig. Unzählige Rassen und Sorten.

Staude		*zweijährig*
III–IV		*X–V*
Halbschatten		*Sonne*
frosthart		*frosthart*
Beet, Schnitt		*Beet, Gefäße, Grab*

Zantedeschia aethiopica
Zimmerkalla
Araceae, Aronstabgewächse

Heimat: Süd-Afrika; mediterran, subtropisch.
Wuchsform: Aufrecht, knolliger Erdstamm, zieht ab VI ein. Nicht frostharte Staude.
Blatt: Wechselständig, pfeilförmig, lang gestielt, 40–60 cm lang, grün.
Blüte: Trichterförmiges, weißes Hochblatt (Spatha) mit gelbem Kolben, 15 cm.
Wuchs-/Blütenhöhe: 50/60–80 cm.
Fruchtstand/Frucht: Kolben mit Beeren.
Standort: Feuchter Boden, sonnig, in der Heimat auf Sumpfwiesen.
Verwendung: Topfpflanze, im Sommer auch im Sumpfbeet.
Vermehrung: Teilung der Wurzelstöcke im Sommer.
Kultur: In lehmig humosem Boden, der nur in der Ruhezeit von VI–VIII austrocknen darf. Wachsen im Winter im Kalthaus bei 10–12 °C.
Sorten: 'Perle von Stuttgart', 50 cm; 'Weißer Herkules', 80 cm, Schnittsorte, beide weiß. Farbmischungen mit gelben, rötlichen und grünlichen Hochblättern.

Zea mays
Japanischer Zier-Mais
Poaceae, Süßgräser

Heimat: Mittel-Amerika; tropisch, subtropisch.
Wuchsform: Aufrecht, rasch wachsend. Einjährig.
Blatt: Wechselständig, linealisch, gewellt, überhängend, bis 60 cm lang, grün bis gelb.
Blüte: Winzig, einhäusig, männliche Blüten in Büscheln am Triebende, weibliche sitzen darunter in einem Kolben, je nach Sorte 6–15 cm groß.
Wuchs-/Blütenhöhe: 80/120–150 cm.
Fruchtstand/Frucht: Kolben aufrecht, bis 30 cm lang, vielfarbige Samenkörner.
Standort: Nährstoffreiche Böden.
Verwendung: Trockenschmuck.
Vermehrung: Aussaat ab IV unter Glas, ab V direkt ins Freiland. Samen vorher quellen lassen. Keimzeit 1–2 Wochen bei 15 °C.
Kultur: Sandig lehmiger Boden.
Sorten: 'Amero'-Hybriden, 200 cm, 'Symphonie', 150 cm; Samen beider Sorten gelb, rot, schwarz, orange.

Zantedeschia aethiopica	Zea mays
Staude	*einjährig*
I–V	*VI–VII*
Sonne	*Sonne*
Kalthaus	–
Kübel, Schnitt	*Beet, Schnitt*

Zinnia angustifolia
Schmalblättrige Zinnie
Asteraceae, Asterngewächse

Heimat: Tropisches Amerika: Mexiko; subtropisch, tropisch.
Wuchsform: Aufrecht, sparrig verzweigt. Einjährig.
Blatt: Gegenständig, lanzettlich, 4–7 cm lang, matt.
Blüte: Röhrenblüten gelb, Zungenblüten rot, orange, gelb oder weiß, einfach oder gefüllt, in Köpfchen, 4 cm.
Wuchs-/Blütenhöhe: 15/20–30 cm.
Frucht: Achäne.
Standort: Durchlässige Böden.
Verwendung: Schnittpflanze.
Vermehrung: Aussaat unter Glas von II–IV bei 20–24 °C, Keimdauer 7–10 Tage.
Kultur: Lehmiger Boden. Sämlinge in Töpfe pikieren, ab Ende V ins Freie pflanzen.
Sorten: 'Classic', goldorange, einfach; 'Perserteppich', orange, halb gefüllt (Bild); beide 20–30 cm hoch.
Hinweise: Auf Pilzkrankheiten, Schnecken und Blattläuse achten.

Zinnia elegans
Zinnie
Asteraceae, Asterngewächse

Heimat: Tropisches Amerika: Mexiko; subtropisch, tropisch.
Wuchsform: Aufrecht, sparrig verzweigt. Einjährig.
Blatt: Gegenständig, eiförmig zugespitzt, 6 cm lang, matt grün, rau.
Blüte: Röhrenblüten gelb, Zungenblüten in vielen Farben, einfach oder gefüllt, Köpfchen 15 cm.
Wuchs-/Blütenhöhe: 35/50–70 cm.
Frucht: Achäne.
Standort: Durchlässige Böden.
Verwendung: Rabattenpflanze.
Vermehrung: Aussaat unter Glas von II–IV bei 20–26 °C, Keimdauer 7–10 Tage.
Kultur: Lehmiger Boden. Sämlinge in Töpfe pikieren.
Sorten: 'Kalifornische Riesen', Farben gelb, orange, rot oder pink, 90 cm. 'Ruffles' F_1-Hybriden, in vielen Farben, nur 35 cm hoch, für Topfkultur.
Hinweise: Vor Pilzkrankheiten, Schnecken und Blattläusen schützen.

Zinnia angustifolia		Zinnia elegans
einjährig		*einjährig*
V–X		*V–X*
Sonne		*Sonne*
–		–
Beet, Gefäße, Schnitt		*Beet, Rabatte, Schnitt*

Literatur

CHEERS, Gordon (Hrsg): Botanica, Das ABC der Pflanzen. Könemann Verlag, Köln 1998.

DEISER, Ernst: Balkon und Terrasse. Franckh-Kosmos-Verlag, Stuttgart 1994.

ERHARD, GÖTZ, SEYBOLD, BÖDEKER: Zander. Handwörterbuch der Pflanzennamen, 16. Auflage. Verlag Eugen Ulmer, Stuttgart 2000.

ESCHER, Friedrich: Schnittblumenkulturen, 4. Auflage. Verlag Eugen Ulmer, Stuttgart 1983.

GANSLMEIER, Hans: Beet- und Balkonpflanzen. Verlag Eugen Ulmer Stuttgart 1987.

HABERER, Martin: Farbatlas Zierpflanzen, 2. Auflage. Verlag Eugen Ulmer, Stuttgart 1996.

HEYWOOD, V.H. (Hrsg.): Blütenpflanzen der Welt. Birkhäuser Verlag, Basel 1982.

KAWOLLEK, Wolfgang: Kübelpflanzen. Verlag Eugen Ulmer, Stuttgart 1995.

KÖHLEIN, MENZEL, BÄRTELS: Das große Ulmer-Buch der Gartenpflanzen. Verlag Eugen Ulmer, Stuttgart 2000.

KREUZERS GARTENPFLANZEN LEXIKON, Band IV (Sommerblumen, Zwiebelpflanzen). Thalacker Verlag, Braunschweig 1993.

KREUZERS GARTENPFLANZEN LEXIKON, Band V (Zimmerpflanzen, Kübelpflanzen). Thalacker Verlag, Braunschweig 1994.

WALZ: Samenkatalog 1999. Walz-Samen, Stuttgart 1999.

WIESCHUS, BÖDEKER: Plantus-Süd, Pflanzendatenbank. Verlag Eugen Ulmer, Stuttgart 2000.

Bildquellen

BAUMGÄRTNER, Dr. Martin, Erlangen: Titelbild unten.

FUCHS, Hermann; Hof: Seite 53 r.

HABERER, Heidi; Nürtingen-Raidwangen: Seite 3.

HEISSEL, Kaspar; Göppingen: Seite 23 r; 60 r; 89 r; 98 r; 108 r.

KÖHLEIN, Fritz, Bindlach: Seite 11 l; 21 l; 30 l; 34 l; 39 l; 62 i; 67 l; 78 l; 80 l; 81 l; 83 l; 86 l und r; 89 l; 100 r; 101 l; 105 l; 115 l; 119 l.

MORELL, Eberhard; Kronberg: Seite 16 l; 24 r; 31 r; 40 r; 42 l; 61 l; 87 r; 101 r; 102 l; 104 r; 111 r.

REINHARD, Hans; Heiligkreuzsteinach: Titelbild oben sowie Seite 62 r; 75 l.

SCHREMP, Heinz; Breisach: Seite 106 l.

SMIT, Daan; Haarlem, NL: Seite 40 l; 67 r.

VITS HAMDIOUI, Anja; Stuttgart: Mittleres Titelbild.

Alle übrigen Abbildungen stammen vom Autor.

Register der Synonyme

Synonym	Gültiger Pflanzenname
Acidanthera bicolor var. murielae	*Gladiolus callianthus* ´Murielae´
Alstroemeria aurantiaca	*Alstroemeria aurea*
Alyssum maritimum	*Lobularia maritima*
Anchusa italica	*Anchusa azurea*
Bacopa diffusa	*Sutera cordata*
Bartonia aurea	*Mentzelia lindleyi*
Cheiranthus cheiri	*Erysimum cheiri*
Chrysanthemum carinatum	*Ismelia carinata*
Chrysanthemum parthenium	*Tanacetum parthenium*
Cineraria maritima	*Senecio cineraria*
Cleome spinosa (Sorten)	*Cleome hassleriana*
Datura arborea	*Brugmansia arborea*
Datura sanguinea	*Brugmansia sanguinea*
Datura suaveolens	*Brugmansia suaveolens*
Delphinium ajacis	*Consolida ajacis*
Dendranthema grandiflorum	*Chrysanthemum indicum*
Dolichos lablab	*Lablab purpureus*
Dyssodia tenuifolia	*Thymophylla tenuiloba*
Galax aphylla	*Galax urceolata*
Godetia amoena	*Clarkia amoena*
Kochia scoparia	*Bassia scoparia*
Lisianthus russelianus	*Eustoma grandiflorum*
Maurandia barclayana	*Asarina barclaiana*
Musa ensete	*Ensete ventricosa*
Penstemon-Hybriden	*Penstemon gentianoides*
Petunia-Hybriden	*Petunia × atkinsiana*
Petunia-violacea	*Petunia integrifolia*
Phacelia tanacetifolia	*Phacelia congesta*
Pharbitis purpurea	*Ipomoea purpurea*

Synonym	Gültiger Pflanzenname
Pharbitis rubrocaerulea	*Ipomoea tricolor*
Polygonum capitatum	*Persicaria capitata*
Quamoclit lobata	*Ipomoea lobata*
Quamoclit vulgaris	*Ipomoea quamoclit*
Salvia horminum	*Salvia viridis*
Scaevola aemula	*Scaevola saligna*
Senecio bicolor	*Senecio cineraria*
Solanum rantonnettii	*Lycianthes rantonnettii*
Sutera diffusa	*Sutera cordata*
Venidium fastuosum	*Arctotis fastuosa*
Verbena venosa	*Verbena rigida*

Register

Weitere nützliche Taschenatlanten.

Genau **313 Stauden** werden in diesem Buch mit eindeutigen Farbfotos vorgestellt.
Unter anderem können botanische Eigenschaften, Standortpräferenzen und weitere Verwendungsangaben nachgeschlagen werden. Die Beschreibungen geben unkomplizierte Orientierung für die **artgerechte Pflanzenverwendung**.
Die Standorte werden nach Sieber (geändert durch Götz) klassifiziert und beschrieben.
Auf einfache, aber **einprägsame Art und Weise** vermittelt der Autor Pflanzenkenntnisse, die für Hobby und Beruf wertvoll sind.
Ein nützliches Nachschlagewerk für alle, die Stauden kennenlernen wollen!

Taschenatlas Stauden.
313 Stauden für Garten und Landschaft. M. Haberer. 2001. 188 Seiten, 316 Farbfotos, 13 Zeichnungen.
ISBN 3-8001-5311-4.

Sie können **320 Gehölze** in diesem Buch für Ihren Garten entdecken!
Es sind die **wichtigsten Bäume, Sträucher und Zwerggehölze**, die der Autor kurz aber einprägsam beschreibt.
Die botanischen Merkmale erleichtern das Wiedererkennen der Pflanzen. Die Angaben zu Standort und Bodenansprüchen erlauben eine **unkomplizierte Orientierung** für die artgerechte Pflanzenverwendung.
Kurze Anleitungen zur Gehölzvermehrung machen das Buch zu einem wertvollen Garten-Ratgeber.
Der Autor vermittelt wichtige Gehölzkenntnisse für Hobby und Beruf.

Taschenatlas Gehölze.
320 Gehölze für Garten und Landschaft. M. Haberer. 2001.
191 Seiten, 325 Farbfotos.
ISBN 3-8001-5310-6.

Aus der Ulmer Datenbank.

Diese umfassende Datenbank beschreibt etwa **3.500 Sommerblumen und Stauden ausführlich** und mit **6.400 digitalen Fotos**.
Auf die Verwendung und Vergesellschaftung der Pflanze wird eingegangen, auch die sorten- und artspezifischen Standortpräferenzen werden genannt.
In die Beschreibung der Wildpflanzen wurden die **Zeigerwerte nach ELLENBERG** aufgenommen, die **Beschreibungen der Lebensbereiche erfolgte nach SIEBER (verändert durch GÖTZ)**.
Schnell und einfach kann das umfangreiche Datenmaterial durchsucht werden, Datenblätter und Bildtafeln sind auszudrucken.

Sommerblumen und Stauden für Beet und Balkon.
P. Dietze, H. Beer, B. Bohne, S. Dietze. 2001. 1 CD-ROM in Buchbox inklusive Textbuch.
ISBN 3-8001-3674-0.

Wichtigste Bestandteile dieser CD-ROM sind ein **Pflanzen-Lern-Programm, prüfungsrelevante Pflanzenlisten und ein umfangreiches Pflanzenquiz**. Im Lernprogramm werden über 900 Pflanzen aus allen Gruppen beschrieben, die in Ausbildung und Prüfung von Bedeutung sind. Dazu gehören detaillierte Farbfotos, die jeweils Blüte, Blatt, etc. mit insgesamt 5000 Abbildungen darstellen. Suchkriterien können beliebig variiert, Pflanzen miteinander durch eine komfortable Bilderablage verglichen oder bestimmte Aspekte herausgefiltert werden. Mit dem Pflanzenquiz in drei Schwierigkeitsstufen sind Sie an der Reihe, Ihre Pflanzenkenntnisse zu testen!

Die Ausbildungs-CD. Der Gärtner 8.
P. Dietze, H. Beer, B. Bohne, S. Dietze. 2001. CD-ROM in Jewelbox mit 16-seitigem Booklet.
ISBN 3-8001-1186-1.